INHALT

W0191022

CORPORATE ROCKSTAR

Daniel Szabo

CORPORATE
ROCK
STAR

*Wie du Karriere machst, ohne
den Verstand zu verlieren*

Campus ▪ Frankfurt / New York

ISBN 978-3-593-51252-5 Print
ISBN 978-3-593-44473-4 E-Book (PDF)
ISBN 978-3-593-44483-3 E-Book (EPUB)

Copyright © 2020. Alle Rechte bei Campus Verlag GmbH,
Frankfurt am Main.
Umschlaggestaltung: studioheyhey, Frankfurt am Main
Layoutentwurf: studioheyhey, Frankfurt am Main
Satz: Publikations Atelier, Dreieich
Gesetzt aus: Maison Neue, ABC Gravity
Druck und Bindung: Beltz Grafische Betriebe GmbH, Bad Langensalza
Printed in Germany

www.campus.de

INTRO

Willkommen, unbekannterweise. Ich erlaube mir, dich zu duzen, und fange ohne Umschweife mit einem Kompliment an: Endlich mal jemand, der ein Vorwort liest. Somit waren die mühevollen und aufreibenden Nächte des Schreibens nicht umsonst. Danke hierfür und danke, dass du weiterliest! Du merkst schon jetzt: Dieses Buch ist anders als die vielen Bücher ähnlichen Formates – bewusst anders. Warum? Es gibt zwei Arten von (jungen) Führungskräften, nämlich einerseits diejenigen, die nach Ausreden suchen, weshalb sie keine Karriere machen, und andererseits diejenigen, die nach erfolgreichen Wegen suchen. *Corporate Rockstar* hat es sich zum Ziel gesetzt, eben diese Wege aufzuzeigen. Dieses Buch enthält 30 knackig kurze Karrieretipps in einem blog-ähnlichen Format. Die Tipps sind direkt auf den Punkt gebracht, ehrlich und ohne Umschweife formuliert. Warum? Zeit wächst nicht auf Bäumen, und wir wollen sicherstellen, dass du möglichst schnell erfolgreich wirst.

Ist Erfolg wichtig für dich? Wenn ja, dann stehst du nicht alleine da. Vom Arbeitnehmer über Kleinbetriebe bis zu den Corporates; der wirtschaftliche Druck erhöht sich zusehends. Alles muss immer schneller gehen. Corporates haben keine Zeit mehr, sich langsam zu entwickeln, wie es früher durchaus möglich war. In der VUCA-Welt, in der nicht mehr die Großen die Kleinen schlucken, sondern die Schnellen die Langsamen überholen, gilt dieses Paradigma nicht mehr. Permanenter, rapider Wandel ist zur Realität geworden – und muss unbedingt gemeistert werden, damit sich Erfolg einstellen kann. Um innerhalb solch fordernder Bedingungen mitzuhalten, müssen wir alle unseren Speed erhöhen. Doch zu Beginn ist es sinnvoll sich bewusstzumachen, in welcher der beiden aktuell vorherrschenden Unternehmenswelten man sich bewegt: die der alten Manager-Riege (Hierarchie, Politik, Machtgehabe) oder die der jungen Selbstverwirklicher, denen alle Optionen offenstehen (Sabbatical, 60 Prozent arbeiten, dennoch Epic Stuff machen und Teil von etwas Größerem sein). Ich habe *Corporate Rockstar* geschrieben, damit du klare und einfache Handlungsanweisungen in petto hast, die dir helfen, ein Corporate Rockstar zu werden und zu bleiben.

Und sollte zufälligerweise das eine oder andere Mitglied der älteren Manager-Generation dieses Buch in der Hand halten, dann lies ruhig weiter, denn ich kann mit Fug und Recht behaupten: Dieses Buch wird auch dir helfen, Empathie für die neuen Corporate Rockstars zu entwickeln, künftige High-Performer zu erkennen und deren Verhalten richtig zu deuten.

Dieses Buch muss nicht unbedingt chronologisch von vorne nach hinten gelesen werden. Du kannst immer dasjenige Kapitel lesen, welches für dich gerade wichtig ist. Wird es immer einfach sein? Natürlich nicht. Dieses Buch hilft dir aber wenigstens dabei, Karriere zu machen, ohne den Verstand zu verlieren.

Ich möchte mit diesem Buch etwas bewirken. Meiner Meinung nach würde den Konzernen ein wenig mehr Unternehmergeist guttun. Und dieses Buch leistet einen kleinen Beitrag, um den aktuellen Status quo zu verändern. Es ist von einem Corporate Rockstar für andere potenzielle Corporate Rockstars geschrieben worden, sprich für junge Menschen, die etwas draufhaben und Karriere machen wollen. Absichtlich habe ich auf komplexe Sachverhalte und verschachtelte Haupt- und Nebensätze verzichtet. Dieses Buch will schnell zur Sache kommen, und es ist bewusst (herzlich) provozierend. Du sollst ja auch zur Tat schreiten – und hierfür braucht es manchmal einen Knuff.

Nun hast du ihn also in der Hand, den authentischen Navigator für junge Führungskräfte in Corporates. Er ist aufgeteilt in fünf Bereiche:

INTRO

1. Mindset
2. Zielfokus
3. Kooperationen
4. Verhalten
5. Taktiken

Jeder dieser Bereich beinhaltet jeweils sechs Karrieretipps zur sofortigen Anwendung. Du wirst jeden einzelnen dieser fünf komplementären Bereiche brauchen, um in einem Corporate (und wahrscheinlich auch darüber hinaus) ambitionierte Karriereziele zu erreichen. Die Tatsache, dass du bis hierhin gelesen hast, beweist: Du will etwas bewegen! Dieses Buch wird dir dabei helfen, genau das zu tun – und zwar schneller, als du denkst.

Ich glaube an dich!

DANIEL SZABO
Hamburg, September 2020

#1 MINDSET

Dein Erfolg beginnt in deiner Denkmurmel, denn dein Denken bestimmt, was du sagst und wie du handelst. Und da jede Erfolgsgeschichte im Kopf beginnt, fangen wir genau hier an. Corporate Rockstars sollten kontinuierlich dazulernen, wie sie mental stärker werden können. Die sechs wichtigsten Aspekte des Themenbereichs *Mindset* findest du in diesem Teil des Buches.

Das erwartet dich konkret auf den nächsten Seiten:

1. Du bist der Schlüssel zum Erfolg
2. Ganz oder gar nicht
3. Mach dir klar, was deine BIG 5 sind
4. Folge deiner Intuition
5. Was bist du bereit zu geben?
6. Übernimm die Verantwortung

DU BIST DER SCHLÜSSEL ZUM ERFOLG

Ob du denkst, du kannst es,
oder ob du denkst, du kannst es nicht,
du wirst in beiden Fällen recht behalten.

Erfolg beginnt immer im Kopf. Die Vorstellungskraft, die Entschlossenheit und der Optimismus der verantwortlichen Führungskraft sind maßgebend dafür, ob ein Ziel ein Luftschloss bleibt oder tatsächlich erreicht wird. »Ob du denkst, du kannst es, oder ob du denkst, du kannst es nicht, du wirst in beiden Fällen recht behalten« ist eine berühmte Aussage von Henry Ford, die zeitlos gültig bleiben wird.

Achte nicht auf andere und denk nicht, dass irgendjemand außer dir verantwortlich für deinen Erfolg oder Misserfolg ist. Der Punkt, an dem du dich gerade befindest, ist das Ergebnis dessen, was du bisher bereit warst einzusetzen. Bist du zufrieden, wo du gerade stehst? Sehr gut! Bist du nicht zufrieden? Dann kannst ausschließlich du diesen Zustand ändern. Sobald du fest daran glauben wirst, dass du deine Ziele erreichen kannst, wird das auch geschehen.

Ein Beispiel: Kyung-Un, gebürtige Koreanerin und mittlerweile seit 10 Jahren in ihrem Unternehmen, hat bisher eine steile Karriere hingelegt. Sie startete als Trainee und klapperte während dieser Anfangszeit diverse Positionen in etlichen Ländereinheiten ab. Anschließend war sie im Inhouse-Consulting am Hauptsitz des Konzerns in der französischen Schweiz tätig. Alles lief wie geplant, denn Kyung-Un wollte das Inhouse-Consulting als Sprungbrett für eine Abteilungsleiterstelle nutzen. Egal wie schwierig ein

Thema war, Kyung-Un hat sich stets zu 100 Prozent reingehängt. Während eines Prozessoptimierungsprojekts in Frankreich fiel das ganz besonders auf.

Außergewöhnlich waren während dieser Zeit auch die Gespräche mit Jacques. »Toll, was du schon für eine Reputation aufgebaut hast«, meinte Jacques und biss in sein Frühstücksbrot. »Allerdings, du weißt schon, dass es in diesem Unternehmen vor allem als Frau unmöglich ist, in so kurzer Zeit Abteilungsleiterin zu werden? Ganz abgesehen davon, dass der Vorstand und das Senior Management zwar Englisch können – die großen Deals finden allerdings auf Französisch statt.« Jacques kaute weiter auf seinem Salamibrot und meinte abschließend: »Lass es besser bleiben. Das dauert Jahre.« Dieses Gespräch betrübte Kyung-Un, die Jacques mochte, weil er immer direkt und ehrlich war. Zudem kannte Jacques das Unternehmen seit über 30 Jahren. Und tatsächlich; Kyung-Un erfuhr in den folgenden Monaten einen Karriereknick und stagnierte im Inhouse-Consulting. Davor war sie alle anderthalb bis zwei Jahre von einer Stelle zur nächsthöheren gesprungen – und jetzt das: Stillstand. Jacques hatte recht behalten. Sie sah ihn auch nach Monaten noch deutlich vor sich, kauend und orakelnd. Kyung-Un ärgerte sich, und sie empfand es als ungerecht, was mit ihr geschah. Hinzu kam, dass sie auf immer mehr solcher Beispiele aufmerksam wurde: Frauen und nicht Französischsprechende machten keine Karriere in diesem Unternehmen.

Kennst du auch Personen in deinem Umfeld, denen es ähnlich geht? Erkennst du dich möglicherweise selbst in dieser Geschichte wieder? Das Interessante an ihr ist: So etwas passiert überall, in jedem Unternehmen und außerhalb jedes Unternehmens. Dies geschieht immer dann, wenn wir eine (negative) Aussage hören, die neu und wichtig für unsere Situation ist. Wenn wir solchen

»Ob du denkst, du kannst es, oder ob du denkst, du kannst es nicht, du wirst in beiden Fällen recht behalten.«

HENRY FORD (1863–1947),
AMERIKANISCHER GROSSINDUSTRIELLER

Aussagen Glauben schenken, dann verhaken sie sich in unserem Kopf und sind nur schwer wieder loszuwerden. Sie werden zu einem Teil von uns.

Das Spannende an der menschlichen Psychologie ist: Wir suchen unaufhörlich nach Bestätigungen, die solch kritische Aussagen untermauern. Die Psychologen sprechen von der sogenannten Confirmation-Bias. Das Problem an diesem Phänomen ist, dass wir »blind« werden beziehungsweise von uns selbst getäuscht werden. Auf das genannte Beispiel bezogen bedeutet das: Kyung-Un lässt sich von Jacques subjektiver Wahrnehmung beeinflussen. Zugegeben, er ist seit 30 Jahren im Unternehmen tätig, allerdings ist vielleicht genau dieser Umstand differenziert zu bewerten, denn vor 30 Jahren sah die Welt noch ganz anders aus. Wer sagt denn, dass Frauen und nicht Französisch sprechende Menschen heute noch immer benachteiligt werden? Hätte Kyung-Un sich neutral mit diesem Thema befasst, hätte sie festgestellt, dass der Vorstand bereits vor 10 Jahren Programme ins Leben gerufen hatte, um weibliche Führungskräfte zu fördern. Hätte Kyung-Un sich noch intensiver mit diesen für sie interessanten Karriereaspekten befasst, hätte sie auch erkannt, dass Französisch zwar ein Plus ist, Englisch aber zur Standardsprache in den Vorstandssitzungen geworden war.

Diese Geschichte soll dir Folgendes veranschaulichen: Es ist völlig egal, was andere denken oder glauben. Sobald du dir etwas vorgenommen hast und daran glaubst, dann kannst du das auch erreichen. Auf Sicherheit spielende und unkreative Mitarbeiter (und generell Mitmenschen) werden immer einen Grund finden, weshalb etwas nicht funktionieren kann.

Du allein bist verantwortlich für dich und deinen Erfolg. Nur du besitzt den Schlüssel, der dir sämtliche Türen auf deinem Weg nach oben aufsperren wird. Erfolg hängt nicht davon ab, wer du bist, sondern davon, was du denkst. Corporate Rockstars wissen: Wenn sie jemand sein wollen, der sie noch nie waren, dann müssen sie auch etwas dafür tun, was sie noch nie getan haben. Es geht darum, deine eigenen Gedanken und Verhaltensweisen ständig auf den Prüfstand zu heben. Denn das, was dich auf deine aktuelle Karrierestufe gebracht hat, ist kein Patentrezept, das dich auf die nächste weiterbringen wird. Es ist essenziell, dass du dich nicht von anderen Meinungen beirren lässt, dass du am Ball bleibst, dich ständig weiterentwickelst und einen Plan hast, wo du schlussendlich hinwillst. Wenn du einen dieser Aspekte nicht beherrschst, dann wird es schwer für dich werden, deine Ziele zu erreichen, und sie werden Luftschlösser bleiben. Denn der Mangel an Vorbereitung resultiert letzten Endes immer in Misserfolg.

Wie schaffst du es nun, mehr an dich zu glauben und daran, dass du eine Aufgabe hinbekommen wirst, egal wie groß sie ist? Das geht nur, indem du dich mit deinem Mindset auseinandersetzt. Die Buchhandlungen sind voll mit guter Lektüre zu diesem Thema. Corporate Rockstars ist bewusst, dass Fachwissen sehr nützlich und notwendig sein kann, aber das Wissen über die Struktur von Erfolg, Kommunikation und Zielerreichung ist essenzieller für eine steile Karriere. In diesen Bereichen gibt es viele Ansätze, um Ziele schneller, besser und entspannter zu erreichen sowie Karrieren zu beschleunigen. Denn sogar in exzessiv regulierten Unternehmen stimmt folgender Satz: Geht nicht, gibt's nicht! Ausnahmeregelungen sind immer möglich. Zig Ziglar prägte ein hierzu passendes Bonmot: »Wenn der Fahrstuhl des Erfolgs außer Betrieb ist: Nimm die Treppe!« Ist das anstrengender? Ja. Dauert das länger? Möglich. Aber das sind Nebensachen. Es kommt einzig und allein darauf an, dass du oben ankommst.

Tu etwas für deine Zielerreichung, was Durchschnittsmitarbeiter nicht gerne machen. Geh die berühmte Extra-Meile. Fang früher an, hör später auf, wenn das erforderlich ist. Noch besser: Lerne kontinuierlich, dich auf die richtigen Aufgaben zu fokussieren und diszipliniert dranzubleiben, bis sie erledigt sind. Willst du unbedingt eine bestimmte Position einnehmen? Wenn ja, dann gibt es nichts, was dich davon abhalten kann, außer dir selbst. Nur deine Angst könnte sich zwischen dich und dein Ziel stellen.

»MITNEHMEN«

- Erfolg hängt nicht davon ab, wer du bist, sondern davon, was du denkst.

- Lass dich nicht durch die Meinungen anderer verunsichern. Nimm gute Ratschläge wie Produkte im Supermarkt wahr: Du musst nicht alle kaufen.

- Corporate Rockstars beschäftigen sich in erster Linie mit der Struktur von Erfolg und Zielerreichung sowie mit Mindset-Themen.

- Wie sieht dein Karriereplan aus? Wo willst du hin?

»MITDENKEN«

Welche Position möchtest du in drei Jahren haben?

_____

Welche drei Dinge stehen deinem Ziel im Weg?

1. _____

2. _____

3. _____

Priorisiere diese drei Dinge danach, wie erfolgsentscheidend sie sind. Auf Platz 1 kommt die erfolgsentscheidendste Herausforderung, auf Platz 2 und 3 die weniger erfolgsentscheidenden.

1. _____

2. _____

3. _____

Konzentriere dich nun ausschließlich auf Herausforderung Nr. 1 – Welche fünf Dinge kannst du tun, um diese Herausforderung aus dem Weg zu räumen – zu lösen?

1. _____

2. _____

3. _____

4. _____

5. _____

GANZ ODER GAR NICHT

*Sei rastlos, und ruhe dich nicht
auf deinen Erfolgen aus.*

Ein Ziel zu haben, bringt nichts, sofern du nicht anfängst, alles für die Erreichung dieses Zieles zu geben. Denn am Ende werden wir nicht an der Größe unserer Ideen gemessen, sondern an den Visionen, die wir realisiert haben. Und um etwas Fantastisches zu schaffen, gehört es manchmal dazu, früher als alle anderen aufzustehen oder später als alle anderen ins Bett zu gehen.

Das Spannende daran ist: Viele Menschen, die das gar nicht von sich selbst wissen, besitzen diese Fähigkeit, große Ziele zu erreichen. Diese Menschen erreichen unter Umständen bereits Großartiges, vielleicht aber nicht im Beruf, sondern im Sport oder im Hobby.

Martin, zum Beispiel, ist ein begnadeter Triathlet. Er hat bereits an fünf internationalen Triathlons teilgenommen und ist jedes Mal mit Leib und Seele dabei – fühlt sich lebendig dabei. Er versucht, sich so häufig wie möglich Zeit für seinen Lieblingssport zu nehmen, der ihm wichtiger als die meisten anderen Dinge in seinem Leben ist. Beruflich ist Martin als aufstrebender Assistent in der Produktmanagement-Abteilung eines Fortune-500-Bekleidungskonzerns tätig. Er ist Mitte 30 und wünscht sich, auch einmal ein eigenes Produkt zu managen. Bisher allerdings wurden stets seine Kollegen Jasmin, Anthony oder Sam bevorzugt, wenn es um das selbstständige Produktmanagement ging, und das wirkte sich demotivierend auf Martin aus. Das empfindet er als ungerecht, denn er hat im Zuge seiner Karriere bereits viele Erfahrungen in diesem Bereich gesammelt. Und obwohl seine Kollegen fertig ausgebildete Produktmanager sind und Martin »nur« ein Assistent ist, kennt er sich häufig besser mit der Materie aus und hilft ihnen bei Unklarheiten.

Was Martin nicht bewusst ist: Den anderen entgeht seine überbordende Sportbegeisterung nicht. Dem ist auch nichts entgegenzusetzen, denn scheinbar findet Martin Erfüllung im Triathlon und diese Leidenschaft muss er nicht verstecken. Schwierig wird es nur, wenn er den Wunsch hat, ähnliche Höhenflüge wie im Sport auch im Beruf zu erleben, ohne genauso viel Einsatz zu bringen. Wenn Martin sich nun entscheidet, zusätzlich zu seinen sportlichen Erfolgen eine große Karriere zu machen, dann kann das schwierig bis unmöglich werden.

Wir Menschen haben lediglich ein beschränktes Maß an Energie und 24 Stunden pro Tag zur Verfügung. Wenn ein großer Teil von Energie und Zeit auf Sport, Privates und Familie entfällt, dann bleibt eben nur noch wenig für den Beruf übrig. Und genau diesen Umstand wähnen Martins Kollegen und Vorgesetzten bei ihm. Falls er sich dazu entscheiden würde, im Sport etwas kürzerzutreten, hätte er mehr Energie und Zeit für seinen Beruf. Dann könnte auch er ein Corporate Rockstar werden. Noch wichtiger aber als Energie und Zeit sind die richtigen Erfolgsstrategien.

Sportlicher Leistung liegt eine Strategie zugrunde, und diese ist erlernbar. Als Triathlet konnte Martin beweisen, dass er Großartiges erreichen kann. Nun gilt es, diese Erfolgsstruktur vom Sport auf den Beruf zu übertragen. Hierbei darf Martin eines nicht vergessen: Es geht nicht um ein Entweder-oder. Martin wird seinen Sport vermutlich brauchen, um genügend Motivation und Ausgeglichenheit für seine übrigen Lebensbereiche generieren zu können. Er sollte lediglich keine so großen Anteile seiner Energie und Zeit mehr darauf verwenden, für Triathlons zu trainieren, wenn er beruflichen Erfolg erreichen möchte.

»Go big or go home« drückt die Leidenschaft aus, welche es benötigt, um ein Ziel zu erreichen. Man sollte alles geben, allerdings nicht in einem übertriebenen, ungesunden Maße. Balance heißt das Gebot der Stunde. Hierfür können wir auch eine Sportmetapher hinzuziehen. Betrachte deine beruflichen Ziele wie einen Marathon. »Go big« bedeutet in diesem Fall: Wenn du in deinem Leben noch nie joggen warst und dir das Ziel setzt, in sechs Monaten einen Marathon zu laufen. Das ist ein ziemlich großes Ziel, was allerdings nicht bedeutet, dass du schon an deinem ersten Trainingstag 42 Kilometer laufen musst. Du hast eben nur 100 Prozent Energie und 100 Prozent Zeit pro Tag. Du solltest dein Training smart aufbauen. Natürlich musst du einiges opfern, damit du dein Ziel erreichen kannst, denn ohne harte Arbeit und Disziplin wird das nicht möglich sein. Aber wenn du ein Corporate Rockstar bist, dann wirst du deine Ziele smart erreichen, ohne dich zu Tode ackern zu müssen.

Du solltest nicht allen von deinem großen Vorhaben erzählen, sondern nur denjenigen, die dich unterstützen und die an dich glauben. Zentral wichtig ist allerdings, dass dein Ziel nicht zu einfach zu erreichen ist. Das perfekte Ziel sollte denkbar und realistisch, aber sehr wohl unter einem Wachstumsaufwand zu erreichen sein. Durchschnittliche Ziele sind für durchschnittliche Mitarbeiter. Corporate Rockstars wollen hoch hinaus. Sie erreichen ihre hochgesteckten Ziele vielleicht nicht jedes Mal, allerdings kommen sie immer voran und bleiben nie an Ort und Stelle stehen. Trau also auch du dich, große Ziele anzuvisieren. Du hast nichts zu verlieren. Und wenn es mal nicht klappt, dann hast du nicht verloren, sondern etwas dazugelernt.

Rückschläge gehören zum Leben dazu. Nimm sie als kleine Prüfungen deiner Willensstärke wahr. Wichtig ist, dass du an deinem Ziel dranbleibst und mit Vollgas weitermachst, auch wenn

Wege manchmal aussichtslos erscheinen. Akzeptier kein Nein, sondern finde kreative Möglichkeiten, um aus einem Nein ein Ja zu machen. Ein Mensch, der diese Lebenseinstellung par excellence beherrschte, war Abraham Lincoln. Er ist dir wahrscheinlich in seiner Funktion als sechzehnter US-Präsident bekannt. Viele wissen aber nicht, was er mitmachen musste, um an dieses Amt ranzukommen. Innerhalb von 25 Jahren erlitt Lincoln nämlich folgende Schicksalsschläge:

- Er machte Bankrott.
- Er kandidierte für den Senat und wurde nicht gewählt.
- Er ging zum zweiten Mal bankrott.
- Die Frau, die er liebte, starb.
- Er erlitt einen Nervenzusammenbruch.
- Er ließ sich als Kandidat für den Kongress aufstellen und wurde nicht gewählt.
- Er ließ sich erneut als Kandidat für den Kongress aufstellen und wurde wieder nicht gewählt.
- Er kandidierte für den Senat und verlor (wieder).
- Er kandidierte für das Amt des Vizepräsidenten der Vereinigten Staaten und verlor.
- Er kandidierte zum dritten Mal für den Senat und verlor (again!).

Die meisten Menschen hätten bereits nach nur einer vergleichbaren Niederlage aufgegeben. Lincoln allerdings scheint einen unbeirrbaren Willen gehabt zu haben. Er hat sich nicht entmutigen lassen und setzte schließlich als Präsident nachhaltige Impulse für das Land. Er wollte kein Nein akzeptieren und hat trotz der vielen Steine weitergemacht, die ihm das Leben in den Weg gelegt hat. Er hat groß gedacht und genauso groß abgeliefert.

Das lässt sich auf die Unternehmenswelt übertragen:

Corporate Rockstars, die große Ziele erreichen wollen, finden Wege – Durchschnittsangestellte, die keine Ziele erreichen wollen, finden Gründe.

Corporate Rockstars ruhen sich nicht auf ihren Erfolgen aus. Sie sind rastlos und geben sich nicht mit einfachen Lösungen und dem Status quo zufrieden. Sind sie deshalb unglücklicher? Keineswegs! Das Gegenteil ist der Fall: Die Anhäufung von erreichten Erfolgen wirkt sich sehr positiv auf das Selbstwertgefühl aus und lässt das Individuum stetig wachsen. Corporate Rockstars befinden sich in einer kontinuierlichen Lernspirale.

»MITNEHMEN«

- Corporate Rockstars geben alles für die Ziele, für die sie sich entschieden haben.

- Viele Menschen, die das gar nicht von sich selbst wissen, besitzen diese Fähigkeit, große Ziele zu erreichen.

- Rückschläge gehören zum Leben dazu. Nimm sie als kleine Prüfungen deiner Willensstärke wahr.

- Durchschnittliche Ziele sind für durchschnittliche Mitarbeiter. Corporate Rockstars wollen hoch hinaus.

»MITDENKEN«

Wann hast du das letzte Mal alles für eine Sache gegeben? (Beruflich oder privat)

_____

_____

Warum war es dir wichtig, diese Sache zu erreichen?

_____

_____

Mit welchen Schwierigkeiten hattest du zu kämpfen?

_____

_____

Wie hast du es geschafft, diese Schwierigkeiten zu bewältigen? Welche Techniken, Methoden und Gedanken haben dir dabei geholfen?

_____

_____

Wie kannst du dieses Wissen um deine Techniken, Methoden und Gedanken darauf übertragen, deine Wunschposition in drei Jahren zu bekommen?

_____

_____

MACH DIR KLAR, WAS DEINE BIG 5 SIND

Definiere die fünf wichtigsten Ziele deines Lebens, und richte alles darauf aus

Welche fünf Dinge möchtest du unbedingt erleben? John P. Strelecky hat ein inspirierendes Buch zu diesem Thema geschrieben – es heißt *The Big 5 for Life*. Er erzählt eine fiktive Geschichte über einen Protagonisten, der sehr erfolgreich vierzehn Unternehmen in kürzester Zeit profitabel ausgebaut hat. Sein Geheimrezept: Lebe jeden Tag so, als würde er ein Teil deines Lebensmuseums werden.

Die Philosophie dahinter ist simpel: Stell dir vor, deine Freunde, Verwandten, Kunden, Partner und alle anderen Menschen, die du kennst oder denen du begegnest, bauen dir ein Museum. Das Museum ist groß, mehrstöckig, und es beherbergt viele Räume mit Bildern und Videos von dir, die dich abbilden, wie du tagtäglich lebst – von morgens bis abends. Wenn du deine Lieben häufig umarmst, dann sehen Besucher Fotos in dem Museum, auf denen du anderen eine Umarmung schenkst. Schreist du andere Menschen permanent an, dann sehen die Besucher eben solche Abbildungen von dir in deinem Museum. Verbringst du 80 Prozent deines Lebens mit einem Job, den du nicht leiden kannst, dann ist auf 80 Prozent der Bilder ein solch unschönes, monotones Motiv zu sehen. Das könnte zum Beispiel eine Frontalaufnahme von dir sein, auf der du ein säuerliches Gesicht machst, weil du eine blödsinnige Aufgabe erledigen musst, die dich eigentlich ankotzt. Verbringst du nur 5 Prozent deiner Zeit mit deinen Kindern, dann besteht die Galerie lediglich zu 5 Prozent aus Bildern von dir und deinen Kindern.

CORPORATE ROCKSTAR

An deinem 80. Geburtstag werden deine Lieben dieses Museum betreten und sehen, was für eine Art Mensch du dein gesamtes Leben lang warst. Wie gefällt dir diese Vorstellung?

Der springende Punkt dieser Übung ist, sich klarzumachen, was du in deinem Leben wirklich willst. So bekommst du überhaupt erst die Gelegenheit, dich darauf fokussieren zu können.

Jeden Tag so zu leben, als sei er ein Lebensmuseumstag, schärft deinen Fokus darauf, was du in deinem Leben tatsächlich erreichen möchtest. Du siehst bereits das »Zielfoto« vor dir, wie es im Museum hängt. Das kann ein Händeschütteln mit deinem Idol sein, das kann ein erfolgreich abgeschlossenes Projekt im Unternehmen sein, eine Projektkrise, die du gemeistert hast, oder dass du ein wichtiges Geschäft ermöglicht hast.

Diese BIG 5 – deine fünf großen Ziele – sollten derart wichtig für dich sein, dass du im Zuge einer Rückschau auf dein Leben sagen wirst: Ich habe mein Leben gelebt, wie ich es wollte. Ein Mensch verbringt im Schnitt etwa 29 000 Tage auf dieser Erde. Wie viele Tage nutzt du tatsächlich, um deine Ziele zu erreichen? Stell dir vor, du liegst eines Tages auf deinem Sterbebett und hast noch einen letzten Wunsch frei. Würdest du dich entscheiden, noch einmal fernzusehen? Oder mit Bekannten essen zu gehen, die du eigentlich nicht magst? Sicher nicht. Wenn du dir bewusst machst, welche deine BIG 5 sind, dann nutze jeden einzelnen Tag für deren Erreichung. Schreib sie auf, und sprich täglich und ganz offen über sie. Jeder Tag, den du mit Fernsehen oder auf der Couch liegend verbringst, kostet dich einen Tag, den du nutzen könntest, um deinen Zielen näherzukommen. Du musst nicht völlig dogmatisch an die Sache herangehen. Die BIG 5 müssen nicht für dein ganzes Leben gelten, und du musst es nicht bis zum Exzess durchplanen. Darum geht es nicht. Der Kerngedanke ist dennoch: Denk langfristig. Dein aktueller Job ist nur als ein Teilabschnitt auf deiner Reise zu bewerten. Zahlt dieser Teilabschnitt auf das Konto deiner BIG 5 ein? Wo willst du in 10 bis 15 Jahren beruflich und privat stehen? Was brauchst du, um dorthin zu gelangen? Jeder Tag, an dem du etwas dafür tust, ein Stückchen näher an deine BIG 5 zu kommen, wird dich erfüllen. Wenn du dich an dieses Lebensprinzip hältst, dann ist es auch okay, dass es Höhen und Tiefen auf deinem Weg gibt. Der Weg zum Ziel ist nun mal keine Gerade – für niemanden.

Das eigene Leben nicht in die Hand zu nehmen und nur zu leben, um am Leben zu bleiben: Das kann es nicht gewesen sein! Irgendeinen Sinn darf der Abschnitt zwischen Geburt und Tod, den wir Leben nennen, doch haben.

Gerade Corporate Rockstars übernehmen Verantwortung für ihr Leben. Wenn du ein glückliches Leben führen möchtest, dann gibt es nur einen Menschen, der dir diesen Wunsch erfüllen kann. Einmal darfst du raten, wer das sein könnte.

Ein weiteres Merkmal von Corporate Rockstars ist, dass sie schnell wieder aufstehen, wenn sie einen Rückschlag erfahren. Denn sie fokussieren sich auf die Erreichung ihrer BIG 5 und lassen sich niemals von ihrem langfristigen Weg ablenken.

»MITNEHMEN«

- Lebe jeden Tag so, als würde er ein Teil deines Lebensmuseums werden.

- Du verbringst im Schnitt etwa 29 000 Tage auf dieser Erde. Wie viele Tage nutzt du, um deinen Zielen näherzukommen?

- Denk langfristig.

- Wenn du ein glückliches Leben führen möchtest, dann gibt es nur einen Menschen, der dir diesen Wunsch erfüllen kann.

- Du allein bist für das Ergebnis deines Lebens verantwortlich.

»MITDENKEN«

Schreibe alles auf, was du in deinem Leben erreichen oder haben möchtest. Das kann alles sein: Reisen, Karriere, Familie, Finanzen, Gesundheit, Soziales und so weiter.

_____

_____

_____

Jetzt nimm dir einen farbigen Stift, und markiere die zehn wichtigsten Punkte deiner Wunschliste.

Aus diesen suchst du dir deine wichtigsten fünf aus und sortierst sie nach Wichtigkeit. Welches Ziel möchtest du unbedingt innerhalb des nächsten Jahrs erreicht haben?

1. _____

2. _____

3. _____

4. _____

5. _____

Du hast nun deine BIG 5. Diese BIG 5 bringen dir aber nichts, wenn nur du alleine sie kennst. Sprich mit deinen Freunden und Familienmitgliedern darüber. Je mehr über die BIG 5 Bescheid wissen, desto schneller können in der Gemeinschaft diese BIG 5 erreicht werden.

FOLGE DEINER INTUITION

Dein Unterbewusstsein ist stark. Nutze es.

»Hör auf deinen Bauch!« Dazu raten beste Freunde oft, wenn es um persönliche Herausforderungen oder wichtige Lebensfragen geht. Im Berufsleben hingegen hören wir: »Ich brauche mehr Fakten!« Was stimmt denn jetzt? Beides! Wer dieses »Phänomen« ganz genau verstehen möchte, dem empfehle ich Daniel Kahnemans Buch *Schnelles Denken, langsames Denken.* Kahneman stellt auf großartige Weise dar, wie Intuition und Rationalität zusammenhängen und wie vorausschauend wir Menschen sein können.

Wenn wir von Intuition sprechen, dann meinen wir das Unterbewusstsein. Und das Unterbewusstsein geht weitaus tiefer, als die meisten annehmen. In jeder Sekunde nimmt es eine Informationsmenge von 400 Millionen Bits wahr. Hiervon schaffen es allerdings nur 2 000 Bits pro Sekunde in unser Bewusstsein. Zum Vergleich: Stell dir ein großes Fußballstadion vor, in das mehrere zehntausend Menschen passen. Ein Zwei-Euro-Stück liegt auf dem Rasen. Dieses Zwei-Euro-Stück repräsentiert dein Bewusstsein und das Stadion dein Unterbewusstsein. Wie viel Information befindet sich in unserem Unterbewusstsein, wenn wir 30, 40 oder 50 Jahre alt sind? Was bleibt hängen, was geht verloren? Auf jeden Fall bleibt viel mehr hängen, als wir glauben. Und auf dieses »verborgene Wissen« greifen wir Menschen zurück, wenn wir uns nach unserem »Bauchgefühl« richten.

Wie wichtig dieses Bauchgefühl ist, sollte auch Melanie erfahren. Diese Geschichte hat sich übrigens genauso zugetragen.

Melanie ist Leiterin eines strategischen Programms, welches zum Ziel hat, eine neue Kultur im Konzern zu entwickeln – und zwar weltweit. Zu diesem Zweck wurden ihr ein Budget sowie zwei neue Mitarbeiter zugesichert. Auf die Stellenausschreibung haben sich über achtzig, teils sehr betagte Kandidaten beworben.

Am Ende fiel ihre Wahl auf Alexander, einen gestandenen Manager. Sein Profil las sich folgendermaßen: Ehemaliger Geschäftsführer mehrerer Gesellschaften, Kulturverantwortlicher und er hatte von führenden, namhaften Psychologie-Professoren gelernt. Ein Volltreffer, zumindest auf dem Papier. Melanie überlegte hin und her, ob sie ihn einstellen sollte oder nicht. Keine Frage, Alexander war ein Gentleman durch und durch – aber irgendwas stimmte nicht. Da Melanie allerdings noch nie jemanden eingestellt hatte, der so berufserfahren war, schob sie ihre Zweifel beiseite. Dennoch nagten sie immer wieder an ihr, genauso wie die Arbeit, die immer mehr wurde.

In einem Moment absoluter Arbeitsüberlastung stellte sie Alexander ein. »Es wird schon klappen!« Erster Tag – Montag: Alexander kam pünktlich. Beim Onboarding-Meeting schlief Alexander beinahe ein. Mit Handyspielen hielt er sich wach. Es stellte sich heraus, dass Alexander nicht wusste, wie ein Laptop funktioniert. Am Abend sagte Alexander zu Melanie, dass seine Frau am folgenden Tag operiert werden würde, und er fragte, ob er bei ihr sein dürfe. Melanie sagte zu, mit der Bedingung, dass er am Mittwoch pünktlich um 9 Uhr bei einem Termin mit der Geschäftsleitung anwesend sein müsse. Alexander kam um 10 Uhr. Am Donnerstag fragte Alexander nach dem Admin-Passwort, um in das Firmen-WLAN hineinzukommen (Ja, diese Geschichte entspricht immer noch der Wahrheit!). Am Montag darauf hat Melanie all ihren Mut zusammengenommen und ihm gekündigt. Diese Geschichte ging noch viel länger und wurde noch viel heftiger, denn Alexander war ein Berufsbetrüger, der Melanie im Nachgang noch viel Ärger bereitete. Natürlich ist das ein Extremfall, wenn auch tatsächlich passiert. Und natürlich *wusste* Melanie das alles nicht von Anfang an. Eines wusste ihr *Bauch* allerdings schon vor ihr: Irgendetwas stimmte nicht. Sie hatte sich aber bewusst entschieden, das Risiko einzugehen.

Hör also auf deinen Bauch. Er ist klüger, als du denkst! Fakten zu sammeln, ist gut. Du brauchst sie, um dein Bauchgefühl zu erklären. Es funktioniert selbstverständlich nicht, der Geschäftsleitung oder dem Vorgesetzten auf die Frage »Sollen wir expandieren?« zu antworten: »Also, mein Bauchgefühl sagt mir, dass wir das nicht machen sollten.« Das wird dich nicht weiterbringen. Aber wenn du das Gefühl hast, dass eine bestimmte Entscheidung keine gute Idee ist, dann versuch herauszufinden, was genau nicht stimmt. Begründe deine Entschlüsse stets mit Fakten.

Du kannst lernen, deiner Intuition zu folgen, indem du jedes Mal, wenn dich das Gefühl beschleicht, dass etwas nicht stimmig ist, dieses Gefühl aufschreibst: Was fühlst du in dem besagten Moment konkret? Wie macht sich das Störgefühl bei dir bemerkbar? Anschließend solltest du aber nicht auf das Recherchieren verzichten und auf faktisch-rationaler Ebene herausfinden, was nicht stimmt.

Übergehe niemals dein Gefühl! Ich wiederhole: Dein Unterbewusstsein ist stärker, als du denkst. Denk an die Metapher mit dem Stadion und dem Zwei-Euro-Stück. Deine Intuition funktioniert selbstverständlich auch dann, wenn du ein gutes Gefühl bei einer Sache hast: Wenn zum Beispiel alle anderen sagen, dass etwas nicht funktionierten kann, du allerdings ein gutes Gefühl hast, dann finde heraus, wie es geht.

Corporate Rockstars folgen ihrer Intuition, aber sie tun es niemals blind. Sie suchen immer nach Fakten, um ihr Bauchgefühl zu bestätigen oder um es zu widerlegen. Wichtig ist, bewusst nachzudenken, sobald der Bauch sich meldet, und dieses Gefühl nicht zu ignorieren – wie Melanie es getan hat.

Noch ein letzter, wichtiger Aspekt zu diesem Themenbereich: Nicht nur du hast ein Bauchgefühl. Alle anderen Menschen um dich herum haben auch eines. Wenn du also merkst, dass sich jemand stark gegen eine bestimmte Entscheidung sträubt, dann finde heraus, warum das so ist. Und wenn sich jemand nicht zu einer getroffenen Entscheidung äußert, dann frag erst recht nach, weshalb diese Person schweigt. Vielleicht rumort ein wertvolles Störgefühl in ihr.

»MITNEHMEN«

- Hör auf deinen Bauch, denn er ist klüger, als du denkst.

- Wenn du glaubst, dass etwas geht, die Fakten aber dagegensprechen, dann such nach einem anderen Weg.

- Wenn du ein Störgefühl in dir wahrnimmst, werde aktiv.

- Corporate Rockstars folgen ihrer Intuition, aber sie tun es niemals blind.

- Nicht nur du hast ein Bauchgefühl, also sei wachsam und beobachte, wie dein Umfeld Entscheidungen aufnimmt.

»MITDENKEN«

Wann dachtest du das letzte Mal: Hätte ich doch nur auf meinen Bauch gehört?

_____

_____

Wieso hast du es nicht getan?

_____

_____

Wie hat es sich angefühlt, als sich dein »Bauch« gemeldet hat? Was hast du konkret gespürt – welches Gefühl kam in dir auf?

_____

_____

In Prozenten ausgedrückt – wie hoch war die Erfolgsquote deines Bauchgefühls?

_____ Prozent

Was wirst du bei zukünftigen, wichtigen Entscheidungen konkret anders machen?

_____

_____

WAS BIST DU BEREIT ZU GEBEN?

Um erfolgreich Karriere zu machen, musst du auch bereit sein, Opfer zu bringen und immer wieder aufzustehen, wenn du hinfällst.

Es ist anstrengend, ein Rockstar zu sein! Im Leben gibt es leider nichts umsonst. Wenn du nicht bereit bist, Opfer zu bringen, solltest du von deinen Rockstar-Ambitionen Abstand nehmen und dich damit abfinden, ein Durchschnittsmensch zu sein.

Es ist deine freie Entscheidung, ob du hart arbeiten möchtest oder nicht. Falls du dich dafür entscheidest, keinen oder nur wenig Einsatz zu bringen, dann darfst du dich auch nicht beschweren, wenn du keine Karriere machen wirst. Wenn man sich mit Menschen unterhält, die in ihrem Berufsleben sehr erfolgreich waren, und sie nach dem Geheimnis ihres Erfolgs fragt, haben sie zumindest eine Sache gemeinsam: Egal in welcher Disziplin, Erfolg ist immer das Ergebnis harter Arbeit. Selbst der talentierteste Mensch wird nicht erfolgreich sein, ohne hart dafür arbeiten zu müssen. Leider gilt aber umgekehrt, dass harte Arbeit allein keine Garantie für Erfolg ist. Doch warum ist harte Arbeit eine Voraussetzung dafür, ein Rockstar zu sein?

Mein Mentor, ein sehr erfolgreicher Manager eines High-tech Fortune-500-Unternehmens, hat dies in meinen Augen sehr treffend beschrieben. Wenn man mit dem Fahrrad unterwegs ist, muss man in die Pedale treten, um voranzukommen. Indem man Energie aufbringt, bewegt man sich vorwärts. Doch was passiert, wenn man aufhört, in die Pedale zu treten? Man bleibt nicht nur stehen, sondern man fällt um und liegt auf der Straße.

Wenn man in die Pedale tritt, kommt man nicht zwangsläufig ans Ziel, aber man fällt nicht um und hat zumindest die Chance, ans Ziel zu gelangen. Ganz konkret bedeutet das, dass du bereit sein musst, konstant und langfristig die berühmte Extra-Meile zu gehen. Du darfst dich nicht mit der Erfüllung der Minimalanforderungen zufriedengeben und dich auch nicht darauf berufen, dass in deinem Umfeld viele andere um Punkt 16 Uhr den Stift fallen lassen.

Wenn du Stephan, der in einem DAX-30-Unternehmen in Rekordzeit eine Karrierestufe nach der anderen erklommen hat, nach einem Beispiel für seine Extra-Meile fragst, erzählt er gerne diese Geschichte: Stephan war als einer von nur wenigen Mitarbeitern in ein geheimes M&A-Projekt involviert, bei dem es kartellrechtliche Herausforderungen zu meistern galt. Eines späten Abends, gegen 22 Uhr, klingelte ununterbrochen sein Telefon, weshalb er sich widerwillig von seinem Schlafzimmer in sein Wohnzimmer begab, um zu erfahren, was los war. Sein Handy zeigte ihm mehrere SMS, E-Mails und verpasste Anrufe von einem Kollegen aus den USA an, der ihn dringend um einen Rückruf bat. Selbstverständlich rief Stephan seinen Kollegen augenblicklich an und fragte, worum es ginge.

Der CEO verlangte eine Analyse, um das kartellrechtliche Risiko besser abschätzen zu können, und Stephan war der Marktexperte im Team und somit der Einzige, der einen lückenlosen Überblick über die benötigten Fakten und Daten hatte. Stephan fragte, bis wann die Analyse fertig sein müsse, und die Antwort lautete: Bis 20 Uhr Eastern Standard Time. Dies bedeutete, dass er noch genau vier Stunden Zeit hatte, um diese aufwändige Arbeit zu erledigen. Ohne mit der Wimper zu zucken, sicherte er zu, dass er den CEO nicht hängen lassen würde, packte seinen Laptop aus und setzte sich an seinen Küchentisch, um mit der Arbeit zu beginnen. Um punkt 2 Uhr morgens sendete er die Präsentation an den CEO und ging ins Bett.

Neben einem hohen Arbeitseinsatz musst du auch Durchhaltevermögen aufbringen können. Du darfst nicht zu schnell aufgeben, und du darfst dich nicht entmutigen lassen. Selbst als Corporate Rockstar werden deine Projekte und deine Karriere nicht linear verlaufen. Es wird immer wieder Höhen und Tiefen geben, und du wirst regelmäßig scheitern. Falls du der Meinung bist, dass du nur selten scheiterst und alles zu 100 Prozent unter Kontrolle hast, bist du entweder nicht ehrlich zu dir oder du wagst nicht genug und bewegst dich ausschließlich auf altbekannten Pfaden. Es gehört nicht nur dazu, sondern es ist sogar sehr wichtig, auch mal zu scheitern und hinzufallen. Die Kunst des Lebens und die Herausforderung eines Corporate Rockstars ist, jedes Mal wieder aufzustehen und weiterzumachen.

Rockstars lassen sich nicht unterkriegen. Wenn sie hinfallen, sammeln sie sich, reflektieren, was sie das nächste Mal besser machen können, und versuchen es erneut. Je häufiger du aufstehst und weitermachst, desto stärker wirst du werden! So wie Magdalena, eine erfahrene Vertriebsleiterin aus einem führenden Software-Unternehmen. Magdalena wurde mit 27 Jahren Vertriebsleiterin eines neuen Produkts für das produzierende Gewerbe. Das Produkt erzeugte zwar einen enormen Mehrwert für potenzielle Kunden, war aber eine völlige Neuheit und erschuf somit einen komplett neuen Markt. Magdalena setzte sich ein sehr ambitioniertes Umsatzziel und versuchte ein multinationales Unternehmen davon zu überzeugen, dieses neue Produkt weltweit auszurollen.

Nach langen und zähen Verhandlungen hielt sie eine Absichtserklärung über einen zweistelligen Millionenbetrag in der Hand. Sollte sich dieses Geschäft tatsächlich materialisieren, hätte sie auf einen Schlag ihr Soll für mehrere Jahre erfüllt. Basierend auf der Absichtserklärung wurde sie sogar von ihren eigenen Vorgesetzten gefeiert. Doch dann kam das böse Erwachen. Nur wenige Wochen später widerrief der Kunde die Absichtserklärung. Magdalena war am Boden zerstört und zermarterte sich das Gehirn. Was hätte sie im Zuge der Verhandlung anders machen können, um einen erfolgreichen Abschluss zu erreichen? Nach kurzer Schockstarre erarbeitete Magdalena eine neue Vertriebsstrategie, die schlussendlich doch noch zu einem erfolgreichen Verkauf an ein anderes global agierendes Unternehmen führte.

Wichtig ist auch, räumlich flexibel zu sein, für den Fall, dass sich andernorts eine unternehmerische Gelegenheit bietet. Auf unserer globalisierten Welt gibt es sehr viele Möglichkeiten für dich, jedoch wird dein Optionsraum immens eingeschnürt, wenn du dich nicht flexibel bewegen kannst. Es gibt einen guten Grund, weshalb viele Topmanager nicht in dem Ort wohnen, in dem sie arbeiten. Viele Spitzenkräfte entscheiden sich, eine attraktive Topmanagementpositionen in einer anderen Stadt anzunehmen, auch wenn dieses Vorgehen Komplikationen im familiären Umfeld hervorruft. Nicht selten muss die Familien mit umziehen, oder man sieht sich nur noch am Wochenende. Ich möchte niemandem nahelegen, dass so ein Vorgehen die einzig richtige Entscheidung ist. Aber ich möchte dazu anregen, dass du für dich überlegst, was du für deinen Erfolg zu opfern bereit bist. Eines solltest du aber nie vergessen: Die Woche dauert für jeden gleich lang – 24 mal 7. Entscheide selbst, wie viel davon du für deine Karriere opfern möchtest, aber wundere dich nicht, wenn diejenigen, die mehr investieren, dich überholen werden.

»MITNEHMEN«

- Erfolg basiert auf harter Arbeit und überdurchschnittlich hohem Einsatz.

- Hinfallen gehört zum Leben dazu, Rockstars stehen immer wieder auf und werden dadurch stärker.

- Du musst Chancen wahrnehmen, auch wenn diese dir räumliche und zeitliche Flexibilität abverlangen.

- Für jeden Menschen ist die Woche gleich lang. Du entscheidest, wie viel du für deine Karriere zu opfern bereit bist.

»MITDENKEN«

Wie wichtig ist dir deine Karriere?

_____

_____

Welche fünf Aspekte deines Lebens sind dir momentan wichtiger als deine Karriere?

1. _____

2. _____

3. _____

4. _____

5. _____

Welche dieser Aspekte bist du bereit, komplett aufzugeben, um deine Karriere voranzutreiben?

_____

_____

Was hindert dich daran, die Aspekte, die dir bislang wichtiger sind, zumindest zeitweise zu depriorisieren?

_____

_____

_____

ÜBERNIMM DIE VERANTWORTUNG

*Wie willst du sonst
große Ziele erreichen?*

Klare Verantwortlichkeiten sind der Ausnahmefall. In der Regel wird die Verantwortung in Konzernen nicht eindeutig zugewiesen. Und meistens spricht niemand gerne von sich aus über diesen Missstand. In besonders zweifelhaften Unternehmen sieht es sogar so aus, dass die Mitarbeiter ihre Verantwortung absichtlich verwässern und nach dem Motto arbeiten: »Ich bin gerne überall dabei, aber ich kann da nicht immer so viel machen.« Was im Klartext bedeutet: Ich bin nicht bereit, Verantwortung zu übernehmen. Manchmal gibt es auch zwei, die stets das letzte Wort haben wollen. Wie das dann aussieht, hast du sicherlich schon selbst in Meetings erlebt.

Viele Projekt- oder Organisationsleiter verstecken sich hinter Gremien oder Ausschüssen. Wenn es mal nicht läuft, war das »Team« schuld. Aber wovor haben diese Projekt- oder Organisationsleiter eigentlich Angst? Was macht sie derart mutlos und lässt sie so lange zögern, Verantwortung zu übernehmen? Eine mögliche Antwort könnte sein, dass sich zu viele Menschen viel zu häufig mit Worst-Case-Szenarien und deren Folgen beschäftigen. Die größte Angst ist oft die Angst vor dem persönlichen Scheitern. »Wenn ich das hier vermassle, dann bin ich erledigt und meinen Job los!« Diese Sorge ist höchstwahrscheinlich der eigentliche Grund, weshalb Verantwortlichkeiten verwässert werden. Aber sind solche Ängste überhaupt berechtigt? Mehr als 99,9 Prozent der Dinge, vor denen wir Angst haben, treten niemals ein. Und um das wenige, das tatsächlich schiefgeht, dürfen wir uns in aller Ruhe kümmern, nachdem es passiert ist. Also frage dich einmal: Was kann dir wirklich Schlimmes passieren?

Die Angst vor negativen Auswirkungen des eigenen Verhaltens ist schlicht ein Mangel an Bereitschaft, Verantwortung zu übernehmen. Oft sind Sicherheitsbedürfnisse, Risikominimierung und Gesichtswahrung die wahren Gründe, die uns davon abhalten, offen für etwas einzustehen. Doch Business ohne Risiko gibt es nicht. Dinge auszuprobieren und Fehler zu machen, gehört zum Spiel dazu. Dieses vermeintliche Geheimnis wussten alle erfolgreichen Gründer und Unternehmer der Vergangenheit, deren Familiennamen in die Geschichte eingegangen sind. Sie hießen Bosch oder Siemens, Ford oder Toyota, Merck oder Boeing. Jedes Kind kennt diese Marken, die nach großen Männern benannt wurden. Alle diese Gründer sind hohe Risiken eingegangen. Keiner von ihnen hat sich für den bequemen Weg entschieden. Sie haben alle Rückschläge erlitten und für ihr Tun jederzeit Verantwortung übernommen.

Selbstverständlich bedeutet das nicht, dass du für tausend Dinge gleichzeitig die Verantwortung übernehmen sollst. Pass unbedingt auf, dass du dich nicht in eine hirnlose Verantwortungsübernahme-Maschine verwandelst. Du kannst nicht Corporate Rockstar sein wollen und gleichzeitig Schatzmeister des Tennisclubs, Elternsprecher in der Schule deiner Tochter und so weiter. Deine Verantwortung gehört dorthin, wo du große Ziele erreichen willst. Und genau in diese Richtung kanalisierst du deine komplette Energie.

Es gibt vier Worte, die Corporate Rockstars häufiger als andere sagen: Ich übernehme die Verantwortung. Wenn ein Leader sagt, dass er die Verantwortung übernimmt, dann verleiht er allen um ihn herum ein Gefühl von Sicherheit. Nutze diese vier Worte also geschickt für dich und deine Ziele. Sprich sie hin und wieder auch laut aus. Und wenn du beispielsweise eine neue Rolle im Unternehmen übernimmst, dann nimm dir ein weißes Blatt Papier und schreibe handschriftlich darauf: »Das ist meine Verantwortung«. Darunter listest du alles auf, wofür du jetzt die Verantwortung trägst. Schreibe in eine zweite Spalte, was du jeweils dazu brauchst. Mit diesem Blatt Papier übergibst du dir selbst die Verantwortung, die du benötigst, um gute Arbeit abliefern zu können. Anschließend kommunizierst du diese Inhalte auch an dein Team. Kommt in einem Meeting ein Punkt von deiner Liste zur Sprache, dann sage deutlich: »Das ist meine Verantwortung.« Häufig wirst du augenblicklich einen Energieschub spüren. Übe dieses Vorgehen auch anhand kleiner Aufgaben. Wenn jemand sagt: »Es müsste sich mal jemand um die Organisation der Firmenfeier kümmern«, dann ist das deine Chance, um selbstbewusst zu antworten: »Ich übernehme die Verantwortung dafür.« Und dann tust du das auch.

Corporate Rockstars haben die Mentalität eines Intrapreneurs, eines Unternehmers innerhalb des Unternehmens. Sie sind mit Begeisterung und Freude bei der Sache – und zwar auch dann noch, wenn es einmal schwierig wird. Sogar gerade dann! Corporate Rockstars sind schnell und handeln proaktiv. Statt sich mit Risiken zu beschäftigen und Gedanken ans Scheitern zu verschwenden, beschäftigen sie sich lieber mit Chancen und ergreifen diese, ohne zu zögern.

Die Einstellung eines Corporate Rockstars im Umgang mit Risiken, Hürden und Hindernissen lässt sich gut mit einem Satz beschreiben: »Love it, change it or leave it.« Wenn du die Verantwortung trägst und etwas läuft anders, als du dir vorgestellt hast, dann frage dich als Erstes: Ist es wirklich so schlimm, wie es aussieht? Schadet es mir oder uns? Ist vielleicht auch etwas Gutes daran? Möglicherweise entdeckst du, dass alles gut ist, wie es ist. In diesem Fall bedeutet das: »Love it.« Wenn du allerdings bemerkst: Hier versperrt uns etwas den Weg zu unserem Ziel, dann bedeutet das: »Change it.« Da du verantwortlich bist, hast du dafür zu sorgen, dass der Weg von jeglichen Hindernissen freigeräumt wird. Nicht deine Mitarbeiter sind dafür verantwortlich, nicht irgendein Gremium, sondern du selbst. Natürlich ist es nicht immer notwendig, jede Fehlerbehebung selbst auszuführen. Aber bleib dran, und lass nicht locker, bis das zielrelevante Problem gelöst ist. Sollte eine Hürde trotz aller Bemühungen einmal zu hoch sein, dann verpflichtet das Verantwortungsbewusstsein einen Corporate Rockstar dazu, die Reißleine zu ziehen. Das ist mit »Leave it« gemeint. Dazu gehören innere Größe und meistens auch Mut. Selbst wenn es ein Dutzend oder noch mehr andere Leute geben mag, die Dinge verbockt haben, sagt der Corporate Rockstar in einer solchen Situation: »Das nehme ich auf meine Kappe.«

Und genau darum geht es: Wer Verantwortung übernimmt, wächst – unabhängig davon, ob der aktuelle Sachverhalt »geliebt«, verändert oder hinter sich gelassen wird. Zentral wichtig ist lediglich zu wissen, wann welche Verhaltensweise an den Tag gelegt werden sollte. Ein bewusster und gesunder Menschenverstand sind das A und O des oben angeführten Mottos: »Love it, change it or leave it.« Und deshalb können Corporate Rockstars anhand jeder Situation wachsen, falls sie Verantwortung übernehmen.

»MITNEHMEN«

- Corporate Rockstars krempelten ihre Ärmel hoch und übernehmen Verantwortung.

- Es gibt kein pauschales Erfolgsrezept. Ausprobieren und Fehlermachen gehören dazu.

- Corporate Rockstars besitzen die Mentalität eines Intrapreneurs.

- Mehr als 99,9 Prozent der Dinge, vor denen wir Angst haben, treten niemals ein.

- Wer Verantwortung übernimmt, wächst. Corporate Rockstars wachsen stetig.

»MITDENKEN«

Wofür würdest du gerne die Verantwortung übernehmen, weil es einfach nicht vorwärtsgeht?

_____

_____

_____

Was hält dich davon ab?

_____

_____

_____

Angenommen, du machst es doch: Was wäre das Schlimmste, was passieren könnte?

_____

_____

_____

Wie wahrscheinlich ist es, dass dieser schlimmste Fall eintritt?

_____ Prozent

Was wäre das Positive für die Beteiligten, wenn du die Verantwortung übernimmst?

_____

_____

_____

Und, machst du es?

#2 ZIELFOKUS

Wenn du nicht weißt, was dein Ziel ist: Wie kannst du es dann erreichen? Definiere also zuerst dein Karriereziel, plane erst dann deinen Weg dorthin, und bleibe anschließend fokussiert, bis du es erreicht haben wirst. Diese Vorgehensweise benötigt nicht nur eine außerordentliche Selbstdisziplin, sondern auch straffe Strukturen, die dir dabei helfen, erfolgreich bis zum Ende durchzuhalten. Welche genau das sind, erfährst du in diesem Kapitel.

Das erwartet dich konkret auf den nächsten Seiten:

1. Definiere deine Aufgaben
2. Fokussiere dich
3. Du hast nichts zu verlieren
4. Lerne täglich
5. Geh neue Wege
6. Abliefern statt absichern

DEFINIERE DEINE AUFGABEN

*Jede andere Vorgehensweise
verschwendet unnötig Energie.*

Wie oft hast du das schon gesehen: Die Projekt- oder Organisationsleiter arbeiten vor sich hin und treffen keine klaren Entscheidungen, und die Mitarbeiter sind demotiviert und haben das Gefühl, keinen sinnvollen Beitrag zu leisten. Solch prekäre Arbeitssituationen entstehen, wenn die Aufträge nicht eindeutig verteilt und kommuniziert werden – es gibt keine vernünftige Arbeitsaufteilung.

Hierzu möchte ich zwei anonymisierte Beispiele anführen, die sich tatsächlich so zugetragen haben. William hatte es nicht leicht gehabt, sich in seinem Unternehmen hochzuarbeiten, aber nun hatte er sein Ziel endlich erreicht: Er war verantwortlich für die Kundenbindung innerhalb des Gesamtkonzerns. In den Tagen nach seiner Beförderung kam William mit tendenziell schlechter Laune zur Arbeit, und er schien nicht mehr motiviert zu sein. Die Mitarbeiter beschwerten sich, die Stakeholder irgendwann auch, ganz zu schweigen von seinem Vorgesetzten, der unlängst neu eingestellt worden und nicht gerade Williams größter Fan war.

»Verbessere die Kundenbindung« war die einzige Anweisung gewesen, die William von der Geschäftsführung erhalten hatte, die ihn zu diesem Zeitpunkt schon sehr gut kannte. Mit dem neuen Vorgesetzten hatte die Geschäftsführung noch nicht viel zu tun gehabt. Dass die Führung William eher auf dem Schirm hatte als ihn selbst, störte den kleinlichen Vorgesetzten – er wollte im Rampenlicht stehen.

Nun hatte William drei Probleme: Einen unklar formulierten Auftrag, einen Vorgesetzten, der ihn nicht unterstützte, und hohe Erwartungen der Geschäftsleitung. Zum Teil resultierte diese Situation daraus, dass William zwischen Tür und Angel befördert worden war. William war seiner Geschäftsführerin auf dem Flur begegnet, das Gespräch hatte sage und schreibe 60 Sekunden gedauert, und zu guter Letzt hatte sie William eindrücklich klargemacht, dass die ersten Ergebnisse nach drei Monaten fällig wären. Und schon war sie weiter zum nächsten Termin gehastet.

Seit dieser Begegnung hatte William keinen Kontakt mehr mit der Geschäftsführerin gehabt. Nach den Details seines Auftrages zu fragen, das wollte William nicht. Niemand sollte denken, dass er zu doof sei, um zu verstehen, was er zu tun hatte. Auf der anderen Seite war William nicht klar, wie er anfangen sollte. Die Kundenbindung zu verbessern, konnte schließlich alles und nichts bedeuten. Noch schlimmer: Das Thema streifte verschiedene Unternehmenseinheiten, von Sales über Customer-Service bis Produktqualität und etliche mehr. William arbeitete mit seinem Team an diversen Analysen, jedoch ohne Erfolge liefern zu können – auch nach drei Monaten nicht.

So etwas soll dir nicht passieren! Woran lag Williams Scheitern nun konkret? Er hatte keinen vernünftigen Auftrag erhalten. Diese Story ist (leider) nicht erfunden, denn solche Auftragserteilungen sind in Konzernen an der Tagesordnung. Oft werden sie mit nur drei Worten erteilt: »Verbessere die Kundenbindung«, »Erhöhe den Umsatz«, »Mach uns digitaler«, »Erhöhe die Marktdurchdringung« und so weiter.

Wie schaffst du es, nicht in die gleiche Falle zu tappen wie William? Indem du es so machst wie Catherine, die als CEO-Redenschreiberin bei einem Fortune-500-Unternehmen der Versicherungsbranche arbeitet. Im Schnitt hat sie ein- bis dreimal wöchentlich Kontakt zum CEO ihres Konzerns. Sie wird für ihre

Reden genauso wie für ihre Verbindlichkeit geschätzt. Catherine sagt, was sie tut, und tut, was sie sagt.

An einem schönen Frühlingstag begegnete sie ihrem CEO und dem Kommunikationschef ihres Unternehmens zufällig auf dem Flur. Der CEO fragte Catherine, ob sie Lust habe, mit zum Italiener um die Ecke zu gehen. Catherine hatte noch einiges zu erledigen, aber so eine Chance bot sich ihr nicht oft, weshalb sie sofort zusagte. Nachdem die drei gegessen hatten, kurz vor dem Aufbruch zurück ins Büro, sah der CEO Catherine lächelnd an und fragt: »Bereit für etwas Neues?« Catherine war sich nicht ganz sicher, ob der CEO nun einen neuen Weg zurück ins Büro meinte oder einen neuen Auftrag. Erwartungsgemäß antwortete sie: »Natürlich.«

Der CEO sah seinen Kommunikationschef an, nickte ihm zu und sagte dann zu Catherine: »Das Unternehmen braucht ein Rebranding. Wir möchten gerne, dass Sie das übernehmen. Positionieren Sie uns neu. Wollen Sie dieses Projekt leiten?« Einen Moment lang war Catherine sprachlos. Sie war Redenschreiberin, keine Brand-Expertin. »Sehr gerne, ich bin dabei«, hörte sie sich sagen. Und ähnlich wie William hatte auch sie kaum Zeit, um detailliert nachzufragen, was genau von ihr erwartet wurde. Catherine wusste, dass sowohl der CEO als auch der Kommunikationschef sehr beschäftigte Männer waren und dass Meetings ausschließlich in Form von 15-Minuten-Slots vergeben wurden. Aber sie wusste ebenfalls, wie wichtig es ist, Fragen zu stellen, weshalb sie ohne lange zu zögern um einen Folgetermin bat, um sich vorzubereiten und Detailfragen stellen zu können. Der CEO sagte zu – Catherine bekam ihren Follow-up-Termin, bei dem sie alle wichtigen W-Fragen klärte (Wer? Was? Wo? Warum? Wie viel?).

Corporate Rockstars nehmen niemals eine neue Aufgabe ohne einen Follow-up-Termin an – falls Fragen offen sein sollten. Ganz egal wer diese neue Aufgabe ausgesprochen hat. Denn es ist in deinem und auch im Interesse deines Chefs, konkret zu definieren, was voneinander erwartet wird. Menschen wie William trauen sich nicht, zusätzliche Fragen zu stellen. Corporate Rockstars wissen, dass es ohne ein klärendes Gespräch nicht funktioniert.

Denk immer daran, Follow-up-Termine auszumachen und dich sehr gut auf diese vorzubereiten. Recherchiere gründlich und frag unter Umständen auch Vertraute um Rat. Habe keine Hemmungen, deinen Chef zu nerven, bis du hundertprozentig verstanden hast, was er von dir will. Solltest du deinen Auftrag nicht verstehen, dann nimm ihn nicht an. Sag deinem Chef konkret, dass es dein Ziel ist, ein gutes Ergebnis zu erreichen, und dass das nur geht, wenn der Auftrag wirklich klar und deutlich formuliert wird.

»MITNEHMEN«

- Corporate Rockstars fragen so lange, bis sie ihren Auftrag hundertprozentig verstanden haben.

- Beide profitieren von einer klaren Aufgabenstellung: Erteiler und Empfänger.

- Corporate Rockstars nehmen niemals eine Aufgabe ohne ein Follow-up-Meeting an.

- Zusatztipp: Frage deinen Vorgesetzten ruhig auch mal, in welcher Form er über deine Fortschritte informiert werden möchte.

»MITDENKEN«

Welche deiner Aufgaben sind momentan unklar? Liste sie auf.

_____

_____

_____

_____

_____

Pick dir deine wichtigste Aufgabe raus, und kreise sie ein.

In einer perfekten Welt ohne Limitierungen: Definiere die Aufgabe nun so, wie du es für richtig hältst:

a) Name des Projekts/des Vorhabens?

_____

b) Wer leitet es?

_____

c) Was soll erreicht werden?

_____

_____

_____

d) Bis wann soll es erreicht werden?

_____

e) Woran erkennst du konkret, dass es erfolgreich ist?

_____

_____

_____

f) Was benötigst du, damit es erfolgreich wird (Budget, Experten, Equipment, Räume)?

_____

_____

_____

Frage deine Vertrauten im Unternehmen, ob sie deine Punkte schlüssig finden. Passe sie nach dem Feedback an, um sie noch klarer zu machen.

Gehe nun zurück zu deinem Auftraggeber, und kläre anhand deiner Skizze, ob ihr beide das gleiche Verständnis von deiner Aufgabe habt. Anschließend legst du los. Jetzt ist alles klar!

FOKUSSIERE DICH

Fokussiere dich, denn sonst arbeitest du an Themen für andere oder niemanden.

Fokus gehört zu den elementaren Erfolgsstrategien für Corporate Rockstars. Wenn zu viele Projekte auf einmal begonnen werden, kann es unnötig lange bis zur Zielerreichung dauern. Oder noch schlimmer, die Ziele geraten gänzlich aus dem Blickfeld. Wer also Großes erreichen möchte, der sollte sich tunlichst für ein einziges Ziel entscheiden und dieses diszipliniert verfolgen. Die Fähigkeit, sich fokussieren zu können, erfordert Konzentration, Durchhaltevermögen und Selbstdisziplin. Positive Auswirkungen dieser Fähigkeit sind in erster Linie Klarheit und höhere Erfolgschancen.

Auch wenn kaum jemand etwas gegen Fokus auszusetzen hat, ist er in den meisten Corporates nicht vorhanden und wird von einer Kultur der »hektischen Betriebsamkeit« überschattet. In der Regel fragen sich Manager: »Was kann ich in noch kürzerer Zeit noch alles schaffen?« Wie oft begegnen wir Führungskräften, die über mangelnde Effizienz ihrer Mitarbeitenden klagen? Wenn du genauer hinschaust, wirst du sehen, dass das gar nicht das eigentliche Problem ist. Denn das Problem besteht in Wirklichkeit darin, dass die Teammitglieder an zu vielen Themen auf einmal arbeiten. Oft ist unklar, welche Themen die wichtigsten sind und welche Themen auch problemlos später bearbeitet werden können. Es kommt vor, dass manche Arbeitnehmer an 20 Themen gleichzeitig arbeiten und dadurch die Qualität aller Themen auf 5 Prozent sinkt. Solche Resultate sind allzu verständlich, denn anders wäre das Arbeitspensum gar nicht zu schaffen.

Das Streben nach möglichst vielen Themen in möglichst kurzer Zeit ist jedoch genau die falsche Strategie. Die Frage, die sich

Corporate Rockstars stellen sollten, lautet: »Was von dem, womit ich mich heute den ganzen Tag lang beschäftige, zahlt am meisten auf mein großes Ziel ein?« Hierbei geht es keinesfalls nur um Effizienzsteigerung, sondern um den Fokus und die Qualität eines erreichten Ziels. Und zwar des richtigen Ziels, mit dem Corporate Rockstars erfolgreich sein wollen. Daher ist ein adäquates Verständnis von Fokus ein erfolgsentscheidender Teil des Mindsets, mit dem man sich als Corporate Rockstar schon früh auf die Erfolgsspur begeben kann. Wenn du nicht weißt, was du wirklich willst, was dir Spaß macht und was du gemeinsam mit anderen in deiner Organisation erreichen willst, dann kannst du wahrscheinlich auch schlecht Nein sagen, wenn andere dich für ihre Ziele einspannen. Und schon landet eine Variation an Themen auf deinem Tisch, die dich letztendlich von dem einen Thema fernhält, das für dich am wichtigsten sein sollte. Corporate Rockstars stellen sicher, dass sie stets fokussiert ihre meiste Energie in das eine große Ziel investieren.

»Wer nicht weiß, welchen Hafen er anlaufen soll, bekommt keinen günstigen Wind«, lautet ein bekanntes Zitat des Philosophen Seneca, das wir auch auf unsere Zeit und die Unternehmenswelt übertragen können. Die Menschen, die eine Schiffsreise machen, nur weil sie Lust haben, mit einem Schiff zu fahren, symbolisieren Arbeitnehmer, die sich bei etlichen Corporates bewerben, nur weil sie es cool finden, für einen bekannten Konzern zu arbeiten. Mit großer Wahrscheinlichkeit kommen sie früher oder später an Bord und legen begeistert ab. ›Wow‹, denken sie, ›alles so groß und faszinierend hier auf dem Schiff.‹ Währenddessen sind sie schon zweimal im Kreis gefahren und an einer wunderschönen Insel vorbeigekommen, und keiner hat es gemerkt. Stattdessen wird darüber diskutiert, dass man das Schiff ja auch mal anders anmalen könnte. Auch der Speisesaal sollte demnächst renoviert werden. Das sind lauter schöne Themen, aber welchen Hafen steuern wir denn überhaupt an? Diese Frage stellt keiner. Die Limitierung auf lediglich ein großes Ziel ist in vielen Organisationskulturen ein schwieriges Thema. Dies ist nicht zuletzt so, weil hektische Betriebsamkeit als produktives Qualitätsmerkmal wahrgenommen wird – das frühe Erscheinen im Büro und das späte Gehen, das schnelle Antworten auf jede Mail sowie stete Ideen und Verbesserungsvorschläge für das Altbekannte. Echte Resultate ergeben sich aus diesen Verhaltensweisen jedoch oft nicht.

Corporate Rockstars nehmen daher Abstand von solch einer hektischen Betriebsamkeit und lernen stattdessen, wie man konzentriert und gleichzeitig entspannt an einem großen Ziel arbeitet. Und da solch ein Vorgehen der Arbeitsweise von Corporates oft entgegensteht, gehört eine große Portion Mut dazu. Wenn du einmal angefangen hast, deine Themen konsequent aus- und umzusortieren, wirst du vielleicht überrascht sein, wie einfach und hilfreich es ist, Prioritäten zu setzen. Du wirst beginnen, ausdrückliche Vereinbarungen mit anderen zu treffen. Und sobald die Menschen um dich herum gelernt haben, dass du nicht immer verfügbar und ansprechbar bist, werden sie sich darauf einstellen und dich nur noch hinsichtlich wirklich wichtiger Themen stören. Auf dem Weg zu einem derart entspannten Miteinander im Unternehmen ist eine große Portion an Willenskraft vonnöten, um sich immer wieder auf das eine, wichtigste Ziel zurückbesinnen und dranbleiben zu können. Dieser Fokus sollte nicht zwanghaft verfolgt werden. Die Kunst liegt darin, einen entspannten Fokus zu finden und nicht allzu hart mit sich selbst ins Gericht zu gehen.

»MITNEHMEN«

- Fokus kann Corporate Rockstars helfen, die eigene Erfolgswahrscheinlichkeit enorm zu steigern.

- Statt um »mehr Ziele in kürzerer Zeit« geht es um »das eine Ziel in hoher Qualität«.

- Corporate Rockstars verfallen nicht in hektische Betriebsamkeit und lernen stattdessen, wie man konzentriert große Ziele erreicht.

- »Relaxed Focus« sollte zu deinem Mindset und Mantra werden.

»MITDENKEN«

Liste alles auf, woran du momentan arbeitest.

_____

_____

_____

_____

_____

_____

Kreise die fünf wichtigsten Punkte ein, die dir signifikant helfen, dein eigentliches Ziel zu erreichen (beziehungsweise deine Aufgabe zu erfüllen).

CORPORATE ROCKSTAR

Nimm die eingekreisten Punkte, und bringe sie in eine Reihenfolge, absteigend nach Priorität (Punkt 1 – das Wichtigste, Punkt 2 – das Zweitwichtigste und so weiter)

1. _____

2. _____

3. _____

4. _____

5. _____

Konzentriere dich nur auf Punkt 1 und fang an. Alles andere kann warten.

DU HAST NICHTS ZU VERLIEREN

*Liefere gut, und du kommst
automatisch weiter.*

In einem Corporate kannst du in der Regel mehr gewinnen als verlieren, wenn du ein Risiko eingehst, um bessere Ergebnisse zu erreichen. Denn solltest du eine außerordentlich gute Leistung erbringen, erhältst du mehr Verantwortung, Gehalt und Einfluss. Und wenn du eine schlechte Leistung erbringst, wirst du nicht herabgestuft. Die meisten Corporates unterscheiden bei Gehaltserhöhungen und Jahresboni kaum zwischen Personen, die Höchstleistungen erbringen, und denjenigen Mitarbeitern, die weniger wichtig beziehungsweise wertvoll sind. Im Regelfall erhältst du 1 bis 2 Prozent mehr Gehalt für eine außerordentlich gute Leistung – du kannst also wirklich nur gewinnen. Wenn du vereinzelt Höchstleistungen ablieferst, wirst du vermutlich deutlich schneller befördert werden als andere und dadurch Einfluss gewinnen sowie dein Gehalt steigern.

Was bedeutet das für dich konkret? Wenn du das nächste Mal an einem Projekt beteiligt bist und merkst, dass es in der jetzigen Ausgestaltung nicht erfolgreich sein wird, solltest du alles versuchen, um dieses Projekt richtig erfolgreich zu machen. Jeder Durchschnittsmitarbeiter würde versuchen, bloß nichts an der Situation zu ändern, um zu vermeiden, dass er am Ende die Schuld für den Misserfolg kassieren könnte. Du als Rockstar hast aber verstanden, dass du nichts verlieren kannst. In diesem Zusammenhang fällt mir die Geschichte von Constantin ein. Constantin ist Teamleiter in einem DAX-Konzern, und er wurde erst vor kurzem befördert. Schon seit einiger Zeit gab es in seinem Geschäftsbereich ein größeres Innovationsprojekt, das neue Produktideen entwickeln sollte.

Als eine seiner ersten Amtshandlungen führte Constantin ein Innovationsbootcamp ein. Mit seiner Chefin hatte er sich darauf geeinigt, einen externen Berater zur Durchführung des Bootcamps zu engagieren. Während seine Chefin im Urlaub war, bemerkte er, dass die verpflichtete Beratungsfirma nicht der richtige Partner war. Constantin überlegte lange, was er tun sollte, und entschied sich kurzerhand, nach Alternativen zu suchen, da die Veranstaltung bereits in wenigen Wochen stattfinden würde. Da er keine Rücksprache mit seiner Chefin halten konnte, entließ er eigenmächtig die gemeinsam beauftragte Agentur und engagierte eine neue. Seiner Chefin hinterließ er eine Voicemail, in der er die Situation beschrieb.

Die Veranstaltung wurde ein riesiger Erfolg, und erst im Feedback-Gespräch danach erfuhr Constantin, dass seine Chefin an der Richtigkeit seiner Entscheidung gezweifelt hatte. Am Ende war seine Entscheidung aber genau richtig gewesen, und die Veranstaltung wäre ohne sein beherztes Eingreifen höchstwahrscheinlich nicht gut geworden. Du siehst also: Du solltest dich immer trauen, das Richtige zu tun, auch wenn es das subjektive Risiko für dich erhöht. Langfristig wirst du dank dieser Gangart bessere Ergebnisse erzielen und deine Karriere beschleunigen.

Was wäre passiert, wenn die Veranstaltung in einer Katastrophe geendet hätte? Spielen wir die Situation noch einmal durch. Im schlimmsten Fall wäre Constantin von seiner Chefin gerügt worden. Man hätte ihn für seine Entscheidungsfreudigkeit aber nicht fristlos entlassen können. Seine Chefin hätte ihm höchstens mitgeteilt, dass er in ihrer Organisation keine Karriere mehr machen würde. In diesem Fall hätte Constantin aber dennoch die

Möglichkeit gehabt, sich bei künftigen Aufgaben neu zu bewähren. Im schlimmsten Fall hätte er alle Zeit der Welt gehabt, sich nach einem neuen Job umzusehen – beispielsweise mithilfe seines Netzwerks oder extern. Da Constantin aufgrund eines Fehlers solcher Art nicht fristlos entlassen werden kann, wäre der größte Verlust, mit dem er infolge seiner Risikobereitschaft rechnen kann, eine einjährige Beförderungssperre.

Solltest du aber bereits einige Jahre in deinem Unternehmen tätig und für deine unkonventionelle Art bekannt sein, musst du im Regelfall nur signalisieren, dass du auf der Suche nach neuen Herausforderungen bist, und du wirst innerhalb kurzer Zeit zahlreiche Angebote bekommen. Corporate Rockstars werden von den meisten Vorgesetzten mit Kusshand genommen, weil sie Risiken eingehen – und nur wer Risiken eingeht, kann viel gewinnen. Die meisten Vorgesetzen wissen aber auch um die Schattenseite von Corporate Rockstars, die stets ihren nächsten Karriereschritt planen und deshalb nicht einfach zu halten sind. Dennoch kannst du dir gewiss sein: Wenn ein Rockstar aktiv nach einer Versetzung sucht und auch bereit ist, einen Parallelschritt in eine andere Abteilung zu gehen, findet er relativ schnell einen neuen Job.

Dir ist bestimmt auch schon aufgefallen, dass es in einem Corporate Personen gibt, die schneller als andere Karriere machen. Hierfür kann es zahlreiche Gründe geben, und einer der häufigsten ist, dass die erfolgreicheren Personen auch diejenigen sind, die klar ihre Wünsche äußern. Neben hohem Einsatz und hoher Leistungsbereitschaft gehört auch ein gesundes Maß an Selbstbewusstsein zu einem Rockstar. Leider ist es im Berufsleben so, dass niemand nur das Beste für dich möchte. Egal wie gut du dich mit deinem Chef verstehst – du bist immer nur so viel wert wie deine Leistung. Daher musst du deine Zukunft selber in die

»Wer zwei Hasen jagt, kriegt keinen.«

CHINESISCHES SPRICHWORT

Hand nehmen und unmissverständlich kommunizieren, was deine Erwartungen sind und wo du hinmöchtest.

Viele Mitarbeiter sind in ihrer Kommunikation bezüglich Karriere- und Gehaltserwartungen zu schüchtern und zurückhaltend. Es gibt gar keinen Grund dazu, denn wie gesagt: Du hast nichts zu verlieren. Solange du immer respektvoll kommunizierst, solltest du deine Wünsche und Vorstellungen klar äußern. Wenn du dich nicht traust, deine Wünsche zu äußern, wie soll dann jemand von allein darauf kommen? An dieser Stelle möchte ich dir gerne die Geschichte von Natalie erzählen, die relativ neu bei einem internationalen Maschinenbauunternehmen beschäftigt war.

Im Rahmen einer Expansion wurde beschlossen, ein Büro in Polen zu eröffnen, und das Unternehmen war auf der Suche nach einem General Manager für diesen neuen Standort. Natalie hatte bisher zwar noch keine Personalverantwortung gehabt, hatte jedoch zahlreiche Projekte für den CEO gemanagt und das Gefühl, dass ihre Arbeit geschätzt würde. Im Rahmen ihrer letzten Unterhaltung mit dem CEO erwähnte sie beiläufig, dass sie gehört habe, dass ein General Manager für den Standort in Warschau gesucht werde. Sie fügte hinzu, dass sie mit ihrem Partner besprochen habe und dass sie bereit wäre, nach Warschau zu ziehen, wenn sie die Chance bekäme, die Rolle des General Managers einzunehmen. Im ersten Moment war der CEO ein wenig irritiert, schätzte aber ihren Mut und ihre Direktheit. Diese Stelle bekam Natalie zwar nicht, jedoch stand sie von nun an auf der inoffiziellen Karriereliste, wenn es darum ging, neue Führungsaufgaben zu besetzen. Natalie wurde innerhalb weniger Monate zur Gruppenleiterin eines recht großen Teams befördert.

Offene und ehrliche Kommunikation solltest du dir unbedingt angewöhnen, selbst in Hinsicht auf kleinere Themen, zum Beispiel, wenn du an einem besonders prestigeträchtigen Projekt mitarbeiten möchtest, das mit deinen Zielen in Einklang steht, oder wenn du etwas Neues lernen möchtest. Trau dich, deine Bedürfnisse wertschätzend und nicht fordernd anzusprechen. Übernimm Verantwortung für deine Wünsche und Erwartungen. Das Schlimmste, was passieren kann, ist, ein Nein zu erhalten.

»MITNEHMEN«

- Wenn du ein Risiko eingehst und scheiterst, verlierst du weder deinen Job noch wirst du finanziell viel einbüßen.

- Wenn du mutig bist, kannst du stets mehr gewinnen als verlieren.

- Traue dich, ein Risiko einzugehen, um das Richtige zu tun.

- Das Schlimmste, was dir passieren kann, ist, dass du dir einen neuen und spannenden Job suchst.

- Kommuniziere unmissverständlich deine Karriere- und Gehaltswünsche.

»MITDENKEN«

Was ist das Schlimmste, das kurzfristig passieren kann, wenn dein aktuelles Projekt nicht zum vollen Erfolg wird?

_____

_____

_____

_____

Was würde passieren, wenn du mehrfach die falsche Entscheidung in einem deiner Projekte treffen würdest?

_____

_____

_____

_____

Welche Entscheidungen hast du in den letzten Monaten aufgrund von Unsicherheit, etwas verlieren zu können, nicht getroffen?

_____

_____

_____

_____

Liste für jede nicht getroffene Entscheidung auf, wie groß ihr
Potenzial im besten Fall gewesen wäre und was im schlimmsten
Fall die Konsequenz einer Fehlentscheidung gewesen wäre.

_____

_____

_____

_____

Würdest du mit dem Wissen, das du heute hast,
die Entscheidungen nun treffen?

_____

_____

_____

_____

LERNE TÄGLICH

Jeder Tag ist ein guter Tag,
wenn du etwas Neues gelernt hast.

Jeder Tag ist ein guter Tag, wenn du etwas Neues gelernt hast. Um eine echte Rockstar-Karriere hinzulegen, musst du bereit sein, jeden Tag etwas Neues zu lernen. Je mehr du lernst, desto mehr Wissen eignest du dir an, welches dir früher oder später nützlich sein wird. Und glaub mir: Hierfür bieten sich dir tonnenweise Möglichkeiten.

Warum ist diese Einstellung so wichtig? Du zeichnest dich als Corporate Rockstar dadurch aus, dass du schnell Karriere machst, dem Unternehmen viel Mehrwert bringst und ständig neue Herausforderung meisterst. Wie du weißt, ist das kein einfacher Weg, denn du wirst auch scheitern und du musst mit Niederlagen umgehen können. Dass man auch aus Rückschlägen wunderbar lernen kann, verdeutlicht Annes Geschichte.

Anne wurde vor kurzem zur Leiterin des Marketings eines Chemiekonzerns befördert. In ihrer bisherigen Karriere hatte sie schon einmal Erfahrungen im Marketing sammeln dürfen, jedoch war dies zum Zeitpunkt ihrer Beförderung mehr als fünf Jahre her gewesen. Während dieser Zeit hatte sich das Marketing stark gewandelt – und zwar in Richtung Onlinemarketing. Davon hatte Anne zum Zeitpunkt ihrer Beförderung aber nur wenig Ahnung. Im Rahmen der Neuausrichtung ihrer Abteilung unterschätzte sie die Bedeutung von Onlinemarketing, was sich zum Beispiel darin zeigte, dass sie für eine Messewerbung nur einen Bruchteil des Budgets für Onlinemaßnahmen vorsah und 80 Prozent in klassische Maßnahmen wie Briefeinladungen, Flyer und Messebanner investierte. Das Ergebnis war eine kleine Katastrophe: kaum Besucher am Messestand und ein Rüffel vom Marketing- und Vertriebsleiter.

Anne nahm diese Situation zum Anlass, um mit ihrem Team retrospektiv Verbesserungspotenziale zu identifizieren. Dabei kam heraus, dass sich die Effektivität der eigenen Onlinemaßnahmen spürbar verbessert hätte und das Ergebnis deutlich besser gewesen wäre, wenn 80 Prozent des Budgets in Onlinemaßnahmen investiert worden wären. Anne begann, sich mit dem Thema Onlinemarketing intensiv zu beschäftigen – wie sie das genau tat, erkläre ich weiter unten. Ein Fehler, wie Anne ihn bei der Messe begangen hatte, ist ihr nie wieder passiert.

Sofern man Situationen solcher Art als eine Chance wahrnimmt, etwas für die Zukunft zu lernen, dann ist alles gut. Die wenigsten Fehler, die man in einem Corporate begehen kann, bringen finale Konsequenzen mit sich. Es ist nur wichtig, aus ihnen zu lernen und sie tunlichst nicht zu wiederholen. Dein Wille, etwas zu lernen, gepaart mit deiner Neugier wird es dir ermöglichen, mehr Unterstützung von Kollegen, Vorgesetzen und sogar Kunden zu erhalten. Dadurch wirst du sehr effizient die wirklich relevanten Dinge lernen. Die meisten Menschen fühlen sich geehrt, wenn sie um Rat gebeten werden, und geben gerne Auskunft. Du solltest es niemals als Schwäche betrachten, jemanden um eine Erklärung zu bitten. Umgekehrt gilt das natürlich auch: Wer dich um eine Erklärung bittet, sollte sich dafür nicht schämen müssen. Wir alle kennen die Situation, dass jemand in einem Meeting eine Frage stellt und die anderen Teilnehmer erleichtert reagieren, weil sie sich nicht getraut haben, diese Frage zu stellen. Du solltest dir angewöhnen, deine Mitmenschen ganz offen um Hilfe und Rat zu fragen. Wenn du dir das angewöhnst, wirst du nicht nur sehr effizient neue Dinge lernen, sondern auch tolle neue Beziehungen aufbauen.

Zurück zu Anne. Sie hat erkannt, dass sie beim Thema Online-marketing nicht auf dem neusten Stand war. Ein klassisches Vorgehen wäre vermutlich gewesen, ein oder mehrere Bücher zu lesen oder eine Fortbildung zu buchen. Anne entschied sich jedoch für einen anderen Weg. Sie wusste, dass Michael, der Marketingleiter eines anderen Geschäftsbereichs, lange Zeit bei einem Onlinehändler für das Thema Onlinemarketing zuständig gewesen war. Obwohl Anne Michael nur zweimal im Rahmen größerer Meetings getroffen hatte, fasste sie den Entschluss, ihn um Hilfe zu bitten. Sie bat Michael um ein paar Ratschläge und Tipps, da er viel Erfahrung in diesem Themenbereich gesammelt hatte. Michael fühlte sich geehrt und gab bereitwillig Auskunft. Von da an schickte Michael Anne regelmäßig interessante Artikel und Veranstaltungsinfos. Dank Michael konnte Anne innerhalb kürzester Zeit ihre Wissenslücken schließen, und die beiden tauschten sich regelmäßig zu neuen Themen und Trends aus.

Dich ständig weiterzubilden, ist noch aus einem anderen Grund wichtig. Karriere bei Corporates zu machen, ist ein Ultramarathon, denn das dauert im Regelfall über 20 Jahre. Denk mal zurück, wie sich die Welt in den letzten 20 Jahren verändert hat. Um auch noch in 10 oder 20 Jahren einen Mehrwert leisten zu können, musst du dein Wissen konstant erweitern. Sobald du aufhörst, neue Technologien zu verstehen, neue Gewohnheiten anzunehmen und die geänderten Rahmenbedingungen deiner Branche zu verinnerlichen, wirst du dein Karriereende einläuten. Es ist nicht möglich, mit deinem jetzigen Wissensstand dauerhaft Erfolg zu haben.

Wie verhinderst du, dass du abgehängt wirst? Einerseits, indem du aus Fehlern lernst, andererseits solltest du die zahlreichen Weiterbildungsmöglichkeiten nutzen, die dir angeboten werden. Neben den Klassikern wie Büchern, Fortbildungen und

Konferenzen gibt es weitere Medien wie Newsletter, Podcasts und Onlinekurse. Der Zugang zu Wissen ist jederzeit und kostengünstig möglich – du musst ihn nur nutzen.

Lange Zeit galt der Zugang zu Wissen als eine Herausforderung, und man musste regelrecht darum kämpfen, Fortbildungen bewilligt zu bekommen. Heute sind viele Wissensquellen kostenfrei zugänglich, doch selbst wenn sie nicht umsonst sind, dann sind diese Kosten vernachlässigbar, sodass du sie wahrscheinlich sogar privat locker tragen kannst. Die größere Herausforderung ist, die Zeit für die Fortbildung zu finden. Jeder Tag birgt mehr potenzielle Arbeit als Arbeitszeit – sich im Trott zu verlieren und das Lernen zu vergessen, kann schnell passieren. Ohne eigeninitiierte Weiterbildung wirst du aber spätestens nach ein paar Jahren feststellen, dass dein Wissenstand nicht mehr *up to date* ist. Daher empfehle ich dir, in deinem Kalender einen wöchentlichen Jour fixe mit dir selbst zu blocken, sprich einen regelmäßig wiederkehrenden Termin für dein Lernen einzuführen. Diese Zeit solltest du gezielt dafür nutzen, dich mit den Neuigkeiten aus deiner Disziplin zu beschäftigen und Neues zu lernen. Nutz auch deine Reisezeiten zur Fortbildung, zum Beispiel um Hörbücher oder Podcasts zu hören.

»MITNEHMEN«

- Scheue dich nicht vor Neuem, du wirst auf jeden Fall etwas lernen.

- Selbst wenn du scheiterst, hat das etwas Positives an sich.

- Sei stets neugierig und interessiert, dann wirst du Menschen finden, die dir helfen.

- Karriere ist ein Marathon. Du musst kontinuierlich Neues lernen, um am Ball der Zeit zu bleiben.

- Verliere dich nicht im Tagestrott, und nimm dir bewusst Zeit, um Neues zu lernen.

»MITDENKEN«

Was hast du im letzten Monat gelernt?

_____

_____

_____

Hättest du die Chance gehabt, mehr zu lernen?

_____

_____

_____

Blocke dir in deinem Kalender wöchentlich zwei Stunden fürs Lernen. Nutze diese Zeit, um etwas Neues zu lernen, ein Buch zu lesen, an einem Webinar teilzunehmen oder einen Onlinekurs zu belegen.

Welche drei Personen in deinem Umfeld können etwas, das du gerne lernen würdest?

1. _____

2. _____

3. _____

Vereinbare in der nächsten Woche einen Termin mit jeder dieser Personen und frage sie, ob sie dir helfen können, diese Sache zu lernen.

GEH NEUE WEGE

Du kannst nur erfolgreich sein,
wenn du bisher unbekannte Wege gehst.

Die Welt, in der wir leben, verändert sich zunehmend schneller. Viele Paradigmen und Regeln, die früher gegolten haben, gelten heute nicht mehr. Es ist schwierig, die Zukunft vorherzusagen – aber so war es immer schon. Wenn du also in die Fußstapfen der Leute vor dir trittst, wirst du niemals durch innovative Ergebnisse hervorstechen können. Du musst dich unvoreingenommen neuen Herausforderungen stellen, und du darfst es dir niemals leicht machen, indem du die Lösungsansätze deiner Vorgänger direkt kopierst. Denn wenn du genauso agierst wie alle anderen, wirst du im besten Fall genauso gut sein wie sie, aber niemals besser. Mein Mentor hat stets gesagt: Wenn du erfolgreich sein möchtest, musst du anders sein. Doch was bedeutet das konkret für dich?

Zu Beginn einer jeden neuen Aufgabenstellung solltest du in einem ersten Schritt begreifen, was genau das Ziel ist und welche möglichen Lösungsansätze existieren. Dann solltest du diese Möglichkeiten bewerten und dich für die Lösung entscheiden, die deiner Überzeugung nach das beste Ergebnis erzielen wird. Vertraue deiner Intuition, und gehe deinen Weg. Hierzu fällt mir die Geschichte von Charlotte ein.

Charlotte arbeitet als leitende Kraft in einer Digitaleinheit eines der größten deutschen Unternehmen. Diese Digitaleinheit besteht seit einigen Jahren, allerdings schafft sie es nicht, einen finanziellen Mehrwert zu erzeugen. Die Prozesse und die Struktur dieser Einheit wurden von einer führenden Unternehmensberatung erstellt und implementiert –, entsprechen somit dem allgemeinen Standard.

Charlotte wird damit beauftragt, endlich für finanzielle Erlöse zu sorgen. Sie hat zwei Optionen. Die einfachere Option wäre, das von den Beratern entwickelte Konzept im Detail umzusetzen und nachzubessern. Die andere, deutlich herausforderndere Option wäre, eigene Lösungsansätze zu entwickeln, um die Erlöse anzukurbeln. Charlotte entscheidet sich für den harten Weg. In einem ersten Schritt listet sie alle Punkte auf, die ihrem Ziel kontraproduktiv entgegenstehen. Danach überlegt sie, wie sie diese Hindernisse aus dem Weg räumen würde, wenn sie absolut freien Gestaltungsspielraum hätte. Mit ihrer Analyse geht sie zu ihrem Vorgesetzten, um die nächsten Schritte zu besprechen.

Das Gespräch verläuft nicht gut, und Charlotte wird darauf hingewiesen, dass ihre Vorschläge nicht im Einklang mit den Vorschlägen der Beratung stünden. Vergleichbare Einheiten anderer Unternehmen operieren allesamt, wie die Beratung es vorgeschlagen hat. Daraufhin fragt Charlotte ihren Vorgesetzten, welche dieser anderen Einheiten ihr als Vorbild dienen soll, weil sie erfolgreich ist. Diese Frage bringt ihren Chef ins Stocken, und er gibt zu, dass eigentlich alle das gleiche Problem wie sie hätten. Charlotte kontert und sagt: »Wenn wir genauso weitermachen wie empfohlen, werden auch wir maximal so erfolgreich sein, wie die anderen Einheiten. Wenn das ausreichend ist, sollten wir weitermachen wie bisher, aber mein Verständnis ist, dass wir erfolgreicher werden wollen, daher ist meine klare Empfehlung, neue Wege zu gehen.«

Charlottes Chef hat im Nachgang zugestimmt. In den kommenden Monaten nutzt die Einheit neue Ansätze, mit deren Hilfe das unternehmenseigene Corporate Innovationslabor in einen Venture Builder transformiert wird. Das Ergebnis ist eine deutlich erfolg-reichere Einheit, die als neuer Benchmark in der Branche auftritt. 18 Monate später wird Charlotte von einem Wettbewerber abge-worben und damit beauftragt, dessen Digitaleinheit als Leiterin zu sanieren.

Was bedeutet das für dich, wenn du ein Corporate Rockstar sein willst? Du musst bereit sein, neue Wege zu gehen und diese zu verteidigen. Dafür brauchst du Ausdauer und Hartnäckigkeit. Nur wenn du mit deinen Ergebnissen überraschst und Ergebnisse erreichst, die die Erwartungen übertreffen, wird es in deiner Kar-riere schnell nach oben gehen.

Neue Wege zu gehen, sollte dein Mantra sein. Denn wenn du mal genau darauf achtgibst, wird dir auffallen, dass du täglich mehrfach mit der Frage konfrontiert bist, ob du einen bekannten Weg nimmst oder etwas Neues versuchst. Der Mensch ist ein Ge-wohnheitstier und neigt dazu, das Bekannte dem Neuen vorzu-ziehen. Der Vorteil ist, dass du weißt, was dich erwartet. Der be-kannte Weg spart Energie. Der Nachteil ist, dass du dein Weiterentwicklungspotenzial künstlich einschränkst. Als Rock-star solltest du immer neugierig und offen für Neues sein. Nur dann wirst du agil und flexibel genug sein, um über Jahre hinweg Höchstleistungen erbringen zu können. Daher empfehle ich dir, regelmäßig Neues zu wagen.

Lange basierten Karrieren in einem Corporate auf einer Art Checkliste. Es gibt noch immer viele Corporates, bei denen man klar definierte Karrierestationen absolviert haben muss, um auf eine hohe Hierarchieebene zu gelangen. Zum Beispiel zwei Sta-tionen im Ausland, eine am Konzernsitz und zwei weitere in ande-ren Geschäftsbereichen. Solche Vorschriften haben zu einer Kar-riere-Checklisten-Kultur geführt, in der Mitarbeiter sehr gezielt nach Herausforderungen suchen, die sich bezahlt machen, um in der Hierarchie aufzusteigen. Aber diese Art der Karriereplanung ist nicht zeitgemäß, und man kann immer öfter beobachten, dass gerade diejenigen beeindruckende Karrieren machen, die dieser Vorgehensweise nicht mehr folgen.

Wie zum Beispiel Mehmed, der bei einem mittelgroßen Pharmahersteller Karriere gemacht hat. Karrieren wurden hier in der Regel ausschließlich anhand solcher *formeller* Checklisten gemacht. Um eine führende Rolle im Marketing zu ergattern, war es gang und gäbe Stationen im In- und Ausland sowie in den Bereichen Vertrieb, Marketing und Produktion zu durchlaufen. Mehmed hingegen startete seine Karriere in der Forschung. Da er in seinen ersten Berufsjahren an diesen traditionellen Karriereweg glaubte, versuchte er zunächst innerhalb der Forschung voranzukommen. Nach einigen Jahren bemerkte er, dass er es irgendwie nicht schaffte, Teamleiter zu werden. Stattdessen begann er, gezielt nach Positionen der *informellen* Checkliste zu suchen, und verpflichtete sich selbst dazu, jede Gelegenheit wahrzunehmen, bei der er einen deutlich sichtbaren Mehrwert für sein Unternehmen erzeugen konnte.

Schon nach kurzer Zeit tat sich ihm die Chance auf, in die Konzernstrategie zu wechseln. Hieraus ergab sich folglich die Möglichkeit, in die Vorstandsassistenz zu wechseln. Nach zwei weiteren Jahren bekam Mehmed das Angebot, eine bedeutende Rolle im Produktmarketing in den USA zu übernehmen. Nach weiteren zwölf Monaten wurde er zum weltweiten Marketingleiter befördert. Seine Karriere ist der Beweis dafür, dass besonders imposante Karrieren nicht zwangsläufig einer tradierten Checkliste folgen. Mehmed hat sich seine eigene Checkliste erstellt und Erfolg damit gehabt.

Wenn auch du deine Karrierechancen erhöhen möchtest, solltest du immer offen sein für Neues, sprich für Dinge, die potenziell zum Erfolg führen können, in deinem Umfeld aber noch nicht ausprobiert wurden. Entscheide dich immer für diejenige Chance, die dir ermöglicht, einen Mehrwert für dein Unternehmen zu generieren. Denn nur wenn du neue Wege gehst, wirst du erfolgreicher als all die anderen sein, die den altbekannten Weg gehen.

»MITNEHMEN«

- Wenn du andere kopierst, wirst du nie besser als sie sein.

- Überlege dir, welche Alternativen es gibt, bevor du dich für einen Lösungsweg entscheidest.

- Wähle diejenige Alternative, die den größten Mehrwert für dein Unternehmen bringen kann.

- Lass dich nicht beirren, und sei hartnäckig.

- Löse dich von der klassischen Karriereplanung, und sei offen für neue Wege.

»MITDENKEN«

Bevor du eine wichtige Entscheidung triffst, schreibe zehn Minuten lang alle potenziellen Alternativen auf, die dir einfallen.

	hohe Erfolgswahr-scheinlichkeit	hohe Wirkungskraft
_____	☐	☐
_____	☐	☐
_____	☐	☐
_____	☐	☐
_____	☐	☐
_____	☐	☐
_____	☐	☐
_____	☐	☐
_____	☐	☐
_____	☐	☐
_____	☐	☐
_____	☐	☐
_____	☐	☐
_____	☐	☐
_____	☐	☐

Bewerte alle Alternativen ebenso wie deine ursprünglich favorisierte Entscheidung nach Erfolgswahrscheinlichkeit und Wirkungskraft, indem du ein Plus- oder ein Minuszeichen einfügst.

Halte inne und entscheide erst jetzt, ob du deiner ursprünglichen Entscheidung folgen möchtest.

ABLIEFERN STATT ABSICHERN

*Verschwende keine Zeit damit,
dich intern abzusichern, sondern nutze
deine Energie, um abzuliefern.*

In vielen Unternehmen ist der Alltag davon geprägt, dass die Mitarbeiter bloß keine Fehler machen und nicht anecken wollen. Daher verbringen viele Arbeitnehmer einen Großteil ihrer Arbeitszeit damit, sich abzustimmen beziehungsweise bei diversen Leuten abzusichern, dass sie das Richtige tun. Das führt dazu, dass viele Mitarbeiter deutlich mehr als die Hälfte ihrer Zeit mit Abstimmungen verbringen. Dadurch haben sie nur noch einen Bruchteil ihrer Zeit und Energie zur Verfügung, um Ergebnisse zu produzieren. Du solltest immer abwägen, ob du wirklich in einer Situation bist, in der du dich rückversichern musst. Um das besser einschätzen zu können, solltest du dir zunächst die folgenden Fragen stellen:

Was kann im schlimmsten Fall passieren, wenn du dich nicht absicherst? Sofern du in der Lage bist, einen eventuellen Fehler zu korrigieren, ohne dass langfristige Schäden entstehen, kannst du dich beruhigt auf das Abliefern konzentrieren.

Wie sicher bist du, dass du abliefern wirst? Wenn du dir sehr sicher bist, dass du es schaffst, kannst du dich beruhigt auf das Abliefern konzentrieren.

Wie viel Energie verlierst du durch das Absichern? Wenn dich die Absicherung mehr Energie kosten wird, als das gewünschte Ergebnis zu erzeugen, kannst du dich beruhigt auf das Abliefern konzentrieren.

Aber Achtung: Es geht hier nicht um die großen Lebensentscheidungen, sondern um die vielen kleinen Entscheidungen, die die meisten Mitarbeiter nicht selbst treffen möchten. Jeder von uns hat das schon gehört: »Das muss ich erst mit meinem Vorgesetzten besprechen.« Oder: »Hierzu muss ich erst einmal die Strategie verstehen.« Häufig sind solche Aussagen bloß fehlender Entscheidungsfreudigkeit und der Angst geschuldet, etwas falsch zu machen. Als Rockstar hast du solch ein Verhalten nicht nötig: Du darfst auf deine Fähigkeiten vertrauen, denn du weißt, was du kannst!

Ähnlich wie Lukas, der als Marketing-Kommunikationsmanager bei einem der größten deutschen Handelsunternehmen tätig war. Lukas hatte in seinen ersten Arbeitsjahren gelernt, dass er sich immer absichern solle, bevor er ein Arbeitsergebnis mit seinen Vorgesetzten besprach. Eines Tages bat sein Chef ihn, ein Konzept für ein neues, kreatives Werbekonzept zu entwickeln. Lukas bekam 24 Stunden Zeit. Am nächsten Tag teilte Lukas seinem Chef mit, dass das Konzept leider noch nicht fertig sei. Sein Chef war sehr verärgert und setzte Lukas derart unter Druck, bis dieser zugab, dass er zwar ein fertiges Konzept habe, dieses aber noch nicht mit seinen Kollegen besprechen konnte. Er bat seinen Chef um mehr Zeit für die Abstimmung und einen Präsentationstermin in den kommenden Tagen. Doch sein Chef bestand darauf, das Konzept sofort zu sehen. Und siehe da, er war begeistert! Lukas nahm aus diesem Erlebnis mit, dass er auf seine Fähigkeiten vertrauen kann und sich nicht immer absichern muss.

Vertraue auf deine Fähigkeiten, denn wenn du dir selbst nicht vertrauen kannst, wer wird es dann tun? Im Laufe deiner Karriere wird es dir oft so gehen, dass du nicht wissen wirst, welcher Weg der richtige ist. Wie gehst du mit einer solchen Situation um? Eine beliebte Methode ist, alle Menschen, die eine Meinung dazu haben könnten, zu befragen und Alternativen zu erörtern. Das ist der risikoärmste, aber auch der langsamste und mühsamste Weg. Ein Rockstar verzichtet darauf, sich abzusichern, und verwendet seine gesamte Energie darauf, den Job zu erledigen. In einem Corporate gilt im Regelfall, dass das Ergebnis zählt. Selbst wenn du dir auf deinem Weg zum Ziel nicht nur Freunde machst – solange du ablieferst, wirst du der Gewinner sein. Durch die positiven Ergebnisse wirst du am Ende auch deine Kritiker überzeugen, die dir anfangs nichts zugetraut haben.

So wie Amelie, die im Inhouse-Consulting eines Mischkonzerns die relative Profitabilität eines Geschäftsbereichs steigern sollte. Das sollte sie mittels einer Portfolio-Bereinigung tun, sprich indem sie diejenigen Produkte einstellte, die eine zu niedrige Profitabilität aufwiesen. Amelie hatte einen glasklaren Ansatz vor Augen, mit dem sie die entsprechenden Produkte herausfiltern wollte. Ihr Ansatz entsprach allerdings nicht dem Lehrbuch. Aufgrund der Besonderheiten ihrer Branche war Amelie sich sicher, dass diese tradierten Vorgehensweisen nicht zum Erfolg führen würden. Da sie schon früher mit dem Projektleiter zusammengearbeitet hatte, wusste sie auch, dass sie den Kollegen nur mit viel Aufwand von ihrem Plan überzeugen hätte können. Daher beschloss sie, die Analyse auf ihre Weise durchzuführen und nicht nach der vom Projektleiter angeordneten Lehrbuchmethode.

Amelie war sich absolut sicher, dass ihre Analyse zielführender sein würde. Sie wusste aber auch, dass sie in der vorgegebenen Zeit nicht beide Analysen würde machen können. Also vertraute sie auf ihre Fähigkeiten und bereitete für den Lenkungsausschuss ihre Analyse vor. Kurz vor dem Termin präsentierte sie sie dem Projektleiter. Gerade als er mit einer Standpauke beginnen wollte, wies sie ihn darauf hin, dass er doch erst einmal ihre Analyseergebnisse anschauen sollte. Die Ergebnisse waren exzellent und deutlich fundierter als vom Projektleiter erwartet. Daraufhin stellte der Projektleiter Amelies Methode vor dem Lenkungsausschuss als seine eigene dar. Ein klassisches Beispiel dafür, dass Abliefern immer noch die beste Absicherung ist.

Häufig wirst du von deinen Vorgesetzten nur vage formulierte Aufträge bekommen – wie im Kapitel *Definiere deine Aufgaben* bereits erwähnt. Das ist keine böse Absicht, sondern meistens schlicht Zeitmangel. Es gibt zwei Herangehensweisen, um dieses Problem zu lösen. Auf der einen Seite gibt es den Weg des Durchschnittsmitarbeiters, der seinen Vorgesetzten mit zahlreichen Fragen löchert, übermäßig viel Zeit in Konzeption und Planung steckt und viele Personen um Unterstützung bei der Problemdefinition bemüht. Dadurch erhofft er sich, nicht in die falsche Richtung zu arbeiten und seinen Aufwand zu reduzieren. Sein Vorgesetzter wird vermutlich leicht genervt reagieren und den Mitarbeiter als unselbstständig und wenig lösungsorientiert wahrnehmen.

Der Rockstar-Weg ist ein ganz anderer. Ein Rockstar versucht zunächst zu verstehen, welches Ergebnis der Auftraggeber sehen möchte. Er wird die Aufgabe für sich interpretieren und direkt mit der Bearbeitung des Auftrags beginnen. Dabei konzentriert er sich auf das Erreichen erster Zwischenergebnisse. Mit diesen wird er zu seinem Vorgesetzten gehen, um die Aufgabe zu diskutieren. Falls er falschlag, kann es sein, dass der Rockstar Teile seiner Arbeit wiederholen muss. Dennoch wird er am Ende vermutlich schneller als ein Durchschnittsmitarbeiter sein. Sein Vorgesetzter wird ihn vermutlich als proaktiv und selbstständig wahrnehmen und dankbar dafür sein, dass er die Aufgabe gelöst hat. Auch wenn der Rockstar riskiert, in die falsche Richtung zu laufen, spart er am Ende Zeit und Energie, was sich positiv auf seine Karriere auswirkt.

Es wird immer wieder Situationen geben, in denen sich eine Karrierechance für dich auftut, bei der du dir aber nicht sicher bist, ob sie auch wirklich eine sichere Chance ist. Das Problem ist, dass die meisten dieser Chancen nur kurz verfügbar sind. Du kannst nicht lange darüber nachdenken. Das gilt insbesondere für Corporates. Wenn dich eine Herausforderung reizt und du ein gutes Gefühl bei ihr hast, solltest du sie immer annehmen. Es wird dir als Stärke ausgelegt werden, wenn du schnell entscheidest. Sichere dich nicht unnötig oft ab.

»MITNEHMEN«

- Je mehr du dich absicherst, desto weniger erreichst du.

- Vertraue auf deine eigenen Fähigkeiten.

- Ergebnisse zu liefern, ist die beste Absicherung.

- Loslegen ist besser als ewige Planung.

- Wenn sich eine Chance bietet, ergreife sie.

»MITDENKEN«

Denke an die letzten fünf Projekte, an denen du gearbeitet hast.

1. _____

2. _____

3. _____

4. _____

5. _____

Überlege, wie viel Zeit du damit verbracht hast, dich mit Stakeholdern abzustimmen, zu dokumentieren und Feedback einzuholen.

1. _____ Stunden/Tage/Wochen
2. _____ Stunden/Tage/Wochen
3. _____ Stunden/Tage/Wochen
4. _____ Stunden/Tage/Wochen
5. _____ Stunden/Tage/Wochen

Was hätte sich an deinem Projekterfolg geändert, wenn du diese Zeit um 80 Prozent reduziert hättest?

1. _____

2. _____

3. _____

4. _____

5. _____

#3 KOOPE-
RATIONEN

Vor allem in Konzernen funktionieren Alleingänge nicht, doch es kommt voll und ganz auf die Balance an. Weder komplette Autarkie noch überbordender Abstimmungswahn sind produktiv. Ein Mix aus integrativem und aggressivem Vorgehen ist der Schlüssel zum Erfolg, wobei der Fokus immer auf das Unternehmen gelegt werden sollte. Und da Unternehmen aus Menschen bestehen, ist es ratsam, sich mit den Mitarbeitern auseinanderzusetzen. *Gemeinsam stärker* lautet also die Devise, deren Ausgestaltung in der Praxis in diesem Kapitel erklärt wird.

Das erwartet dich konkret auf den nächsten Seiten:

1. Mach dich sichtbar
2. Teile die Erfolge, fang die Schläge ab
3. Verliere deine Leute nicht auf dem Weg
4. Du bist Leader und kein Eisverkäufer
5. Hole Rohdiamanten in dein Team
6. Hilf deinen Mitarbeitern zu wachsen

MACH DICH SICHTBAR

Du kannst nicht verlangen, dass die Welt auf dich wartet, du musst dich selbst ins Gespräch bringen und proaktiv bereit sein, ohne direkte Gegenleistung Extraarbeit zu übernehmen.

Hast du dich auch schon einmal gefragt, warum du nicht als Teammitglied zu einem bestimmen Projektteam eingeladen oder nicht für eine spannende Stelle in deinem Unternehmen in Betracht gezogen wurdest, obwohl du die passende Qualifikation mitbringst? Das kann viele Gründe haben, aber was in so einem Fall nicht hilft, ist beleidigt zu sein und sich zu ärgern, dass die eigene Genialität nicht gesehen wurde. Das Tolle ist: Du kannst selbst und sehr direkt beeinflussen, ob du gehört und gesehen wirst.

Eine Anekdote aus dem Autoteilegroßhandel liefert Renate, die mittlerweile drei Jahre als Teammitglied im Onlinevertrieb ihres Unternehmens arbeitete. Besagter Händler hat einen seiner größten Mitbewerber übernommen, nicht zuletzt deshalb, weil der Mitbewerber Marktführer im Onlinehandel war. Dies war natürlich eine schwierige Situation für Renates Onlineteam, da es davon ausging, dass der Onlinehandel gänzlich von der akquirierten Firma übernommen werden würde. Renate ließ sich aber nicht beirren und las sich gründlich in die Materie der Onlinevertriebsstrategien und verwandte Themenfelder ein. Darauf aufbauend erarbeitet sie ungefragt und ohne Auftrag einen Vorschlag, wie die neue Onlinevertriebsstrategie von beiden Unternehmen aussehen könnte.

Ihr Chef als auch ihre Kollegen belächelten sie. Sie musste sich Sprüche wie »Warum machst du das? Es ist nicht deine Aufgabe«, »Wir werden sowieso entlassen, und das Team der anderen Firma wird übernehmen« und so weiter gefallen lassen. Als sie mit ihrer Arbeit zufrieden war, sendete Renate ihre Strategie an das verantwortliche Managementteam, mit der Bitte, ihre Gedanken zu kommentieren. Das Management befand Renates Arbeit als sehr gut und hatte sie von nun an als Talent auf dem Radar. Als es dann darum ging, die Rolle des Abteilungsleiters neu zu besetzen, wurde Renates Name zuerst genannt, und sie erhielt die Stelle – zum großen Erstaunen all ihrer Kollegen. Gute Arbeit und Proaktivität zahlen sich langfristig eben aus!

Eine weitere Möglichkeit, wie du dich sichtbar machen kannst, ist das proaktive und ungefragte Anbieten von Hilfe. Du fragst dich vielleicht, woher du wissen kannst, ob jemand Hilfe benötigt. Eine einfache Methode, die zumindest mir immer hilft, ist, folgende Fragen zu stellen. Woran arbeitest du gerade? Was sind deine größten Herausforderungen? Gibt es etwas, wobei ich dir helfen kann? Während dein Kollege beziehungsweise deine Kollegin antwortet, kannst du Folgendes überlegen: Wen kenne ich, der dieser Person helfen könnte? Welches Wissen besitze ich, das dieser Person direkt oder indirekt helfen könnte? Was kann ich konkret tun, um dieser Person zu helfen? Falls dir etwas einfällt, biete direkt und ohne zu zögern Hilfe an, ohne eine Gegenleistung zu erwarten. Du solltest dich nicht fragen, wem du deine Hilfe anbieten solltest und wem nicht, sondern es für jeden tun, mit dem du Kontakt hast – egal ob Chef, Kollege oder Mitarbeiter.

Ein Beispiel dafür, dass es sich auszahlen kann, anderen zu helfen, liefert die Geschichte von Juanita. Juanita ist eine talentierte Mitarbeiterin aus der Strategieabteilung eines Automobilunter-

»*Wenn du schnell gehen willst, geh' alleine. Wenn du weit kommen willst, geh' gemeinsam.*«

AFRIKANISCHES SPRICHWORT

nehmens. Wie es in den meisten Unternehmen in regelmäßigen Abständen vorkommt, wurde auch in ihrem Unternehmen eine Reorganisation durchgeführt, und es wurde ein neuer Bereichs-CEO ernannt. Im Rahmen des Change-Programms hat der ebenfalls neue Personalleiter John das Gespräch mit den Mitarbeitern auf der Talenteliste gesucht, auf der auch Juanita stand. John führte ein Gespräch mit Juanita und erkundigte sich insbesondere, was gut lief und was man verbessern könne.

Juanita bot ihrem Personalleiter an, dass sie gerne ein Dokument mit den Stärken, Schwächen und dem konkreten Optimierungspotenzial des Unternehmens erstellen würde. Aufgrund ihrer Tätigkeit in der Strategieabteilung wusste sie, wie das zu bewerkstelligen war. Nachdem Juanita das Dokument versandt hatte, bekam sie unerwartet eine Termineinladung vom neuen CEO, um ihren Bericht zu besprechen. Sie war ein wenig nervös, aber das Gespräch verlief sehr gut, und sie wurde gefragt, ob sie sich vorstellen könne, eine Teamleiterposition zu übernehmen.

Diese wahre Geschichte ist ein weiteres Beispiel dafür, dass es sich lohnt, in Vorleistung zu gehen und proaktiv Wissen zu teilen. Für derartige Hilfen benötigt man keinen Auftrag, und man sollte keine Gegenleitungen erwarten.

Auf der anderen Seite solltest du nicht vergessen, dass auch dir gerne mal geholfen werden darf. Du solltest nicht davor zurückschrecken, klar und offen zu kommunizieren, was du benötigst, wo du hinwillst und was deine Erwartungen an deine Kollegen und Vorgesetzten sind. Dies betrifft insbesondere Vorstellungen hinsichtlich einer etwaigen Beförderung als auch des Gehalts. Viele tun sich schwer mit diesen Themen und kommunizieren sie schüchtern und indirekt. Als Rockstar hast du aber nichts zu verlieren, denn im schlimmsten Fall bekommst du ein Nein um die Ohren geschleudert. Aber indem du Anspruch und Interesse signalisierst, kann sich dies mit der Zeit positiv auf deine Karriere auswirken.

Ich kann es nicht oft genug wiederholen: Sichtbar zu sein, ist ein wichtiger Aspekt. Wenn du ausschließlich ruhig in deinem Büro sitzt, E-Mails schreibst und nie über deinen Tellerrand hinausschaust, wird niemand an dich denken. Um deine Sichtbarkeit zu erhöhen, solltest du Public Relations für dich selbst betreiben. Aber wie kannst du das tun? Du kannst beispielsweise dein Wissen nutzen, relevante Inhalte erstellen und sie über Social-Media-Kanäle wie LinkedIn oder das Intranet deines Unternehmens teilen.

Wenn du die Möglichkeit hast, solltest du auf jeden Fall versuchen, an übergreifenden, strategischen Projekten mitzuarbeiten, da du so mit vielen Kollegen in Kontakt kommst und deine Arbeit von vielen gesehen wird. Ein relativ unbekannter Trick ist, Kollegen in höherer Position um Rat zu fragen. Die meisten Menschen freuen sich, wenn sie anderen helfen können.

»MITNEHMEN«

- Warte nicht, bis du entdeckt wirst, sondern mach dich sichtbar.

- Leiste proaktiv Hilfe, wenn du anderen einen Mehrwert bieten kannst.

- Zeige dich in der Organisation, und bringe deinen Namen ins Spiel.

- Arbeite auch ungefragt Lösungsvorschläge aus, und präsentiere sie zur Diskussion.

- Kommuniziere offen und direkt, wo du hinwillst und welche Erwartungen du hast.

»MITDENKEN«

Welches sind in den nächsten zwölf Monaten die fünf wichtigsten Themen für das Topmanagement des Unternehmens, in dem du arbeitest?

1. _____

2. _____

3. _____

4. _____

5. _____

Welche Projekte gibt es im Unternehmen, die auf diese Themen einzahlen?

_____

_____

_____

Wen kennst du im Unternehmen, der an einem dieser Projekte mitwirkt?

_____

_____

_____

Mach einen Termin mit jeder Person aus, die du kennst, um mehr über das Projekt zu erfahren.

Überlege dir, basierend auf den Informationen, die du über das Projekt erhalten hast, wie du einen Beitrag leisten kannst. Schreibe dir drei konkrete Punkte auf, die du leisten könntest, um das Projekt voranzubringen.

1. _____

2. _____

3. _____

Vereinbare einen Folgetermin mit der Person, und sprich sie direkt darauf an, dass du gerne einen Beitrag zum Projekt leisten würdest. Teile ihr deine drei konkreten Punkte mit.

TEILE DIE ERFOLGE, FANG DIE SCHLÄGE AB

Erfolgreich bist du nur in einem loyalen Team – wenn du deine Erfolge teilst und Schläge als Gruppe abfängst.

Ein echter Rockstar ist nichts ohne seine Band. Im Corporate verhält es sich nicht anders. Du wirst vermutlich schon selbst bemerkt haben, dass du als Einzelkämpfer bereits nach kürzester Zeit an deine Grenzen stößt. Doch wie motiviert man sein Team und erreicht, dass es über sich hinauswächst?

Vieles muss beachtet werden, damit ein hochmotiviertes und effektives Team entsteht. Einer der wichtigsten Aspekte ist, dass sich dein Team auf dich verlassen kann – sowohl in guten als auch in schlechten Zeiten. Die meisten Menschen wollen Anerkennung erfahren und für eine Person arbeiten, auf die sie zählen und der sie vertrauen können. Deswegen muss das Kernprinzip eines jeden Rockstars lauten: Erfolge werden geteilt und Misserfolge gemeinsam abgefedert.

Wenn dein Team oder jemand aus deinem Team etwas Tolles vollbracht hat, dann sollten die Lorbeeren an richtiger Stelle verteilt, und nicht von dir eingeheimst werden. Viele Manager, insbesondere junge, die noch vor Kurzem individuelle Leistungträger waren, haben Schwierigkeiten mit diesem Punkt. Das ist verständlich, denn jeder möchte Anerkennung für seine Arbeit erhalten, auch dafür, dass man ein Team erfolgreich gelenkt hat. Dennoch sind solche Gedanken nicht notwendig, denn die Corporate-Welt funktioniert ein wenig anders. Dort wissen die Führungskräfte in der Regel ganz genau, wer welchen Teil zu einem Erfolg beigetragen hat, auch wenn man nicht alle Lorbeeren für sich beansprucht.

Im Laufe deiner Karriere wirst du nicht zuletzt danach bewertet, ob du ein Manager bist, der anderen beim Wachsen hilft. Ein guter Manager hebt sein Team auf einen Sockel und lässt es in einem guten Licht dastehen. Dies gilt aber auch umgekehrt: Ein guter Mitarbeiter sollte sich bemühen, seinen Chef gut dastehen zu lassen! Hierzu fällt mir die Geschichte von Markus ein, der Leiter einer Strategieabteilung in einem Fortune-500-Unternehmen ist.

Markus arbeitet grundsätzlich sehr eng mit dem CEO seines Unternehmens zusammen, und er selbst führte eine Zeit lang ein junges Team, das aus vielen Rockstars bestand. In der Vergangenheit hatte sein Team kontinuierlich sämtliche Erwartungen übertroffen, indem es zum Beispiel freiwillige Nachtschichten einschob. Nachdem Markus befördert wurde, übernahm Lucienne die Stelle als Strategieleiterin. Innerhalb kürzester Zeit erbrachte das Team nicht mehr die gewohnten Leistungen, und innerhalb von nur wenigen Monaten suchte sich ein Großteil des Teams eine neue Stelle im Unternehmen. Doch wie kann es sein, dass die Performanz dieses Teams in derart kurzer Zeit abflachte?

Der Hauptgrund heißt Markus, der stets selbstbewusst war und es zuließ, dass jedes seiner Teammitglieder erfolgreiche Updates selbstständig beim CEO vorstellen durfte. Dies hatte zwar zur Folge, dass Markus weniger Gesprächszeit mit dem CEO zur Verfügung hatte, aber dafür bekamen seine Teammitglied die Chance, sich zu profilieren. Lucienne hingegen operierte anders. Vor jedem Termin mit dem CEO sammelte sie alle Arbeitsergebnisse ein, ließ sich detailliert vorbereiten und löschte die Namen der Mitarbeiter aus den Präsentationen, damit nur sie Lob erhielt. Aufgrund ihres zweifelhaften Führungsstils gelang es Lucienne nicht, Karriere zu machen – obwohl sie Tag und Nacht schuftete. Sowohl der CEO als auch ihre Rockstars bemerkten, dass sie für die Arbeit in einem Team ungeeignet war.

Solltest du ein ähnliches Verhalten wie Lucienne an den Tag legen, dann kannst du dir sicher sein, dass du unbegründete Ängste und schädliche Unsicherheiten in dir trägst. Frag dich, weshalb das so ist.

Nicht nur das Rampenlicht zu teilen, ist wichtig, sondern auch Wertschätzung und Dankbarkeit auszudrücken. Leider unterliegen viele Manager im Corporate nach wie vor dem Irrglauben, dass Wertschätzung und Dankbarkeit lediglich Bonuszahlungen bedeuten. Finanzielle Anreize sind zwar ein wichtiges Tool, aber im Regelfall nur ein Hygienefaktor. Natürlich müssen Talente marktgerecht bezahlt werden, damit sie motiviert bleiben, aber diese Form der Motivation hält nur für kurz.

Für eine Rockstar-Karriere im Corporate ist es elementar wichtig, dass du nicht nur deine direkten Mitarbeiter motivierst, sondern insbesondere auch Personen, die mit dir zusammenarbeiten und auf deren Entlohnung du keinen Einfluss hast. Was ich jetzt sagen werde, wirst du vielleicht als Esoterik abtun, aber lass dich dennoch darauf ein und probiere es einfach mal aus, denn es ist enorm wichtig, Danke zu sagen und die Erfolge anderer zu feiern. Hierzu zwei kleine Routinen:

Frage dich wöchentlich: Wer hat mir diese Woche geholfen, und wer hat diese Woche besonders viel Einsatz gezeigt? Hoffentlich sind dir jetzt ein paar Namen eingefallen! Jetzt rufst du jede Person an, die dir eingefallen ist, und sagst einfach mal Danke.

Die zweite Routine ist, dich monatlich zu fragen: Was haben wir diesen Monat erreicht, das uns einiges abverlangt hat und auf das wir stolz sein können? Jetzt lädst du alle, die am Ergebnis beteiligt waren, zu einem Essen oder etwas Ähnlichem ein und ihr feiert gemeinsam den Erfolg!

Das Wichtigste, um deine Mitarbeiter nicht zu verlieren, ist jedoch, dass du Schläge abfängst und hilfst, wenn es brenzlig wird. Viele Menschen, die irgendwann in ihrer Karriere nicht weiterkommen, haben die Charakterschwäche, dass sie ihr Team ins offene Messer laufen lassen und es in brenzligen Situation nicht schützen. Im Corporate gibt es zahlreiche politische Grabenkämpfe und Fettnäpfchen, in die gerade junge Rockstars nur allzu gerne treten, weil sie die politische Komplexität noch nicht überschauen. Hier gilt es, als Rockstar Courage zu zeigen und das eigene Team zu schützen, auch wenn es etwas falsch gemacht hat. Es gibt nichts Schlimmeres als einen Chef, der seine Mitarbeiter im Regen stehen lässt. Die Mitarbeiter verzeihen so etwas nicht, und das Resultat ist, dass Loyalität und Performanz abnehmen.

Denke immer daran: Du kannst als Rockstar nur aufgrund der Hilfe anderer erfolgreich sein!

»MITNEHMEN«

- Teile das Rampenlicht mit anderen.
- Lass erfolgreiche Projekte von denjenigen präsentieren, die die Arbeit gemacht haben.
- Sag Danke, und zeige Anerkennung und Wertschätzung.
- Feiere Erfolge mit deinem Team.
- Stelle dich schützend vor dein Team.

»MITDENKEN«

Denk an deine letzte Ergebnispräsentation vor dem Management.

Welche fünf Personen haben den größten Beitrag zu dem Ergebnis geleistet?

1. _____

2. _____

3. _____

4. _____

5. _____

Wie hast du diese Personen in der Präsentation erwähnt beziehungsweise eingebunden?

1. _____

2. _____

3. _____

4. _____

5. _____

Wie hast du den Personen gegenüber Anerkennung gezeigt?

_____

_____

_____

_____

_____

Was sind alternative Möglichkeiten, um den Leuten, die dir geholfen haben, Wertschätzung entgegenzubringen?

_____

_____

_____

_____

VERLIERE DEINE LEUTE NICHT AUF DEM WEG

*Du startest allein und kommst
mit anderen ans Ziel.*

Viele junge Führungskräfte sind es »von früher« gewohnt, selbstständig und schnell zu arbeiten. Aber als Führungskraft funktioniert so eine Arbeitsweise nicht mehr. Dennoch gibt es unzählige Beispiele für ein derartiges, toxisches Einsamer-Wolf-Verhalten. Manchmal klappt das sogar, das möchte ich nicht unterschlagen, aber besonders viel kann auf diese Art nicht bewegt werden. Um richtigen Impact zu genieren, müssen Corporates langfristige und vertrauensvolle soziale Beziehungen aufbauen. Wenn eine Führungskraft es nicht schafft, Beziehungen in alle Richtungen (oben, unten, seitlich) innerhalb eines Corporates aufzubauen, dann wird sie mittelfristig keinen Erfolg haben und schon gar kein Corporate-Rockstar werden.

Corporate-Rockstars wissen genau, dass Impact-Generierung und Skalierung von Erfolg nur funktionieren, wenn die Mitarbeiter bei der Stange gehalten werden und nicht einer nach dem anderen weglaufen. Letzteres ist Annett passiert.

Annett ist Program Lead bei einem der größten, globalen FMCGs (Fast Moving Consumer Goods). Es ist Sommer. Die Sonne scheint bereits um 8:30 Uhr brennend heiß, während Annett im Hotel ankommt, das nur fünf Gehminuten vom Headquarter entfernt ist. In der Hotellobby ist es gefühlt 15 Grad Celsius kühler als draußen. Annett lächelt erleichtert, aber nicht nur wegen der Temperatur, sondern auch weil sie sich in Kürze mit ihren Direct Reports zum Offsite trifft. Ziel dieses Treffens ist, den Status der einzelnen Projekte und Programme zu erfahren, welche auf die großen Business-Unit-Ziele einzahlen.

Sie freut sich auf die Zusammenarbeit und vor allem auf das Team, das sie zuletzt vor ein paar Wochen gesehen hat – das letzte Offsite liegt schon vier Monate zurück. Annett checkt ein und geht schnurstracks zum Besprechungsraum. Alle anderen sind schon da. Als sie den Raum betritt, spürt sie allerdings, dass etwas nicht stimmt. Es ist ruhiger als sonst, und die Stimmung wirkt angespannt. Sie begrüßt jeden persönlich, nimmt sich einen Tee und eröffnet den Workshop. Sie fragt nach den Workshop-Erwartungen im Team und schreibt diese auf das Flipchart. Aufgrund der Antworten der Direct Reports verfestigt sich Annetts Gefühl, dass irgendetwas nicht stimmt. Die aufgeworfenen Themen reichen von Klarheit über Teamgeist bis Rollenverteilung.

Nachdem sie die Erwartungen abgeklopft hat, ist das erste Project-Update von einem ihrer Direct Reports dran. Michael tritt nach vorne, aber nicht so energisch, wie Annett es von ihm gewohnt ist. Michael legt los, und im Raum wird es ruhig. Mitten während des Updates schnellt Michelle, eine andere Projektleiterin, energisch hoch. »Was soll das?! Das ist doch meine Verantwortung«, schreit sie mit hochrotem Kopf. Michael wird kreidebleich. »Seit Monaten beobachte ich das schon – und jetzt ist Schluss. Das Thema liegt in meinem Verantwortungsbereich, und du hast da nichts zu suchen«, fährt Michelle fort. Nach und nach melden sich weitere Direct Reports zu Wort, und alle sind unzufrieden.

Was ist da passiert, fragt sich Annett. Zwar hat sie in den vergangenen Wochen und Monaten wenig Zeit für ihre Direct Reports und Teammeetings gehabt, aber mit so einer Unzufriedenheit hat Annett nicht gerechnet.

Was Annett da erlebt, passiert täglich in Corporates. Ihre Mitarbeiter leiden an einem Rollen- und Zielunverständnis, im Gegensatz zu Annett selbst, für die alles kristallklar ist. Das Resultat ist, dass doppelt an den gleichen Themen gearbeitet wird und dass an manchen Themen gar nicht gearbeitet wird. Das Team bekam nie die Gelegenheit, mit Annett zu sprechen, weil niemand einen Slot in ihrem Kalender bekommen hat. Sie war zu beschäftigt damit, neue Aufträge für das Team reinzubekommen. Diese Situation ähnelt einer Seifenblase, die immer größer wurde und schließlich platzte.

Aus dieser Geschichte lässt sich vieles ableiten. Natürlich ist es gut, dass Annett ihr Team bei den Stakeholdern im Unternehmen gut positioniert. Allerdings hat sie die Balance verloren und ihr Team vernachlässigt. Neue Ideen in das Program nachzulegen, wenn im Team der Wurm drin ist, führt zu Problemen. Annett hat sich zu stark nach außen gerichtet und das Innen vergessen. Umgekehrt wäre es aber auch nicht gut gewesen. Die Balance ist wichtig, damit sich weder das Team noch die Stakeholder abwenden.

Corporate Rockstars erhalten einen Auftrag und vergeben »Unter-Aufträge«, machen diese öffentlich und nehmen sich die Zeit, zwischenzeitlich nach dem Bearbeitungsstatus zu fragen. Corporate Rockstars geben somit Ziele vor, jedoch nicht den Weg. Zudem stellen sie sicher, dass der Status der Aufträge zu jeder Zeit transparent bekannt ist. Zu den Grundbedürfnissen von Menschen zählt auch der Wunsch nach Klarheit, Struktur und Anerkennung. All das hat Annett vernachlässigt, was sie jetzt zu spüren bekommt.

Noch einmal, weil es so wichtig ist: Der Job eines Corporate Rockstars ist, ein Ziel zu definieren und sicherzustellen, dass die Unterziele unmissverständlich an Owner gebunden werden. Corporate Rockstars schaffen eine Umgebung des Wachstums und der Befähigung und machen aus der Zielerreichung eine spannende Reise und nicht bloß einen schnöden Auftrag. Und genau das machte Frank.

Frank arbeitet in einem internationalen Pharmakonzern. Er hat den Auftrag bekommen, ein neues CRM einzuführen. Anstatt seinen Direct Reports einmalig Ziele vorzugeben und dann kein Wort mehr mit ihnen zu wechseln, macht Frank eine Story aus der Zielerreichung – eine Reise. Das Endziel unterteilt er mit seinem Team in fünf Workstreams, definiert die jeweiligen Owner und erarbeitet eine Metapher, die sowohl Ziel als auch Problem und Lösung gut beschreibt. Frank organisiert ein Kick-off, um alle wichtigen Stakeholder (intern und extern) zu informieren. Gleichzeitig involviert er sie in den Arbeitsprozess. Des Weiteren stellt er sicher, dass es nach dem Kick-off geregelte Status-Updates gibt – nicht zu viele, nicht zu wenige. Er kommuniziert so viel wie möglich, damit ihm weder sein Team noch seine Stakeholder abhandenkommen. Mit dieser Vorgehensweise baut sich Frank eine Reputation im Unternehmen auf: Er sagt, was er tut, und tut, was er sagt.

Und genau darum geht es doch: Alle Menschen wollen gehört und mitgenommen werden. Es geht um Anerkennung, Klarheit, Involvement und auch darum, das *Warum* zu verstehen. Es geht um Transparenz und darum, die Erfolge als Team zu teilen.

Damit ein Konzern große Ziele erreichen kann, braucht er Menschen – Plural. Corporate Rockstars verstehen sich darin, Menschen für etwas zu begeistern, und zwar nicht nur am Anfang, sondern den gesamten Weg über, bis zur Zielerreichung.

»MITNEHMEN«

- Corporates zeichnen sich über langfristige und vertrauensvolle soziale Beziehungen aus.

- Menschen wollen gehört und mitgenommen werden.

- Die Arbeit als einsamer Wolf skaliert nicht.

- Involviere dein Team. Gib Ziele vor, aber nicht den Weg.

- Teile deinen Auftrag in »Unter-Aufträge« auf, und ordne diese konkreten Mitarbeitern zu. Gestalte diesen Prozess öffentlich und transparent.

»MITDENKEN«

Denk an dein Projekt/deinen Verantwortungsbereich. Wer sind die Top-10-Stakeholder, die am Ende maßgeblich mit ihrer Meinung darüber entscheiden, ob dein Projekt nun erfolgreich war oder nicht?

1. _____   6. _____

2. _____   7. _____

3. _____   8. _____

4. _____   9. _____

5. _____   10. _____

Wie oft hast du Kontakt zu ihnen? Woher wissen sie, was du gerade machst?

_____

_____

_____

Was willst du nun tun, um deine Top-10-Stakeholder auf deine (Projekt)-Reise mitzunehmen?

_____

_____

_____

DU BIST EIN LEADER UND KEIN EISVERKÄUFER

Harte Entscheidungen und schwere Situationen gehören zu deinem Job. Komm damit klar, und jammere nicht.

Je länger sich Führungskräfte mit unangenehmen Themen beschäftigen, umso zäher und unangenehmer werden diese Themen. Obwohl das logisch ist, machen die meisten Leader genau das falsch. Du hast dich entschieden, ein Corporate Rockstar – ein Leader – zu sein. Dazu gehört auch, harte Entscheidungen zu treffen und voranzugehen, vor allem, wenn es schwer wird. Wenn dich lediglich die Aufmerksamkeit deines Teams und die Facetime mit deinem CEO motivieren, dann solltest du dich noch mal fragen, ob die Position als Führungskraft wirklich etwas für dich ist. Als Führungskraft bist du *first and foremost* verantwortlich für die Vision, den *Purpose*, die Strategie und die Ziele deiner Organisation – je nach Ebene natürlich nur für das Team und nicht für das komplette Haus.

Die Reihenfolge dieser Punkte habe ich bewusst so gewählt, denn eine Organisation ist dazu da, um eine Vision, den *Purpose*, die Strategie und die Ziele zu erreichen. Und wenn die momentane Mitarbeiterorganisation aufgrund von Marktlage, Neuorientierung oder Strategieänderung keinen Erfolg in den genannten Punkten garantiert – dann ändere die Mitarbeiterorganisation. Stell dir folgende Frage: »Wie muss ich mein Team organisieren, damit wir die strategischen Ziele erreichen können?« Und sobald du dich entschieden hast, agiere schnell! Eine Organisation zu verändern, ist vergleichbar mit dem Abziehen eines Pflasters. Beides tut weh, egal ob man es langsam oder schnell tut, also macht man es lieber schnell.

Während seiner Karriere hat Matthias viele Reorganisationen mitgemacht, sowohl als Mitarbeiter als auch als Leiter. Mittlerweile leitet er die ganz großen Konzernprogramme. Während des vergangenen Sommerurlaubs bekam Matthias eine Mail, in der stand, dass sein Unternehmen abermals reorganisiert werden solle. Da stand er nun; mit seinem Handy in der Hand, am Strand von Fuerteventura im Familienurlaub. Neben ihm spielte seine kleine Tochter im Sand, es hatte 26 °C und eine leichte Brise wehte. Die Kleine freute sich, weil eine Welle nach der anderen ihre Fußzehen mit Wasser benetzte. Und Matthias? Er bekam Bauchschmerzen, wartete auf eine weitere Mail und fragte sich: »Habe ich noch einen Job? Was, wenn ich nicht dabei bin?« Ihn überkam ein Gefühl von Machtlosigkeit. Eine weitere Mail mit dem Betreff »Re-org announcement« trudelte ein. Gleich unter dem Betreff war zu lesen: »We are not ready yet. We will come back within the next 14 days.« Aus den 14 Tagen wurden schlussendlich vier Wochen.

Reorganisationen bedeuten einen Haufen Arbeit: Strategie, Talententwicklung, Effizienz, Arbeitsrecht, Psychologie, Kommunikation, Motivation et cetera – das kann dauern. Falls du also eine Reorganisation initiieren solltest, gestalte sie schnell, transparent, und führe sie möglichst schnell durch, damit deine Mitarbeiter keine Bauchschmerzen bekommen wie Matthias. Du wirst nicht jeden Mitarbeiter glücklich machen können, aber es ist nicht notwendig, sie in der Ungewissheit schweben zu lassen. Wenn die Reorganisation notwendig ist, dann zieh sie durch. Hab keine Scheu, andere unglücklich zu machen, denn du tust das Richtige für das Wohl der verbliebenen Mitarbeiter und der gesamten Organisation. Alleine das ist deine Verpflichtung, und wie oben bereits erwähnt: Du musst nicht zu jedem nett sein – du bist kein Eisverkäufer.

Als Führungskraft gehört es zu deiner Pflicht, auch mal harte, emotionale und unpopuläre Entscheidungen zu treffen. Hierzu gehört auch, Mitarbeiter zu entlassen. Leider gehört zu deinen Pflichten auch, ein vorher abgegebenes *Commitment* zu brechen, wenn sich im Nachhinein die Rahmenbedingungen ändern und man diese nicht vorhersehen hätte können. Aber zu deinen Pflichten gehört definitiv nicht, zu deinen Mitarbeitern hart zu sein. Dein Ziel ist niemals, etwas *gegen* Mitarbeiter zu tun, sondern etwas *für* den Fortbestand des Unternehmens. Gott sei Dank stehen Entlassungen nicht auf der Tagesordnung, denn eine Entlassung kann sich auf beiden Seiten des Tisches emotional gestalten. Ja, es fühlt sich grausam an – für beide. Und mag dieser Satz auch noch so banal klingt, er stimmt: »Was ist, das ist, und was sein muss, muss sein.«

Mitarbeiterentlassungen sind sicherlich eine derjenigen Pflichten, der eine Führungskraft nur ungern nachkommt. Allerdings gibt es noch zahlreiche weitere Themen, die anstrengend sind: lange Arbeitsstunden, unbequeme Mitteilungen an das Team weiterleiten, politische Machtspiele et cetera.

Solltest du manchmal das Bedürfnis haben, dich bei Freunden, Bekannten, Mitarbeitern oder Vorgesetzten über die Schwere deines Jobs zu beschweren, dann habe ich einen Tipp für dich: Mach's nicht. Rede zumindest ausschließlich lösungsorientiert und respektvoll über deinen Job und die Entscheidungen, die du zu treffen hast. Tu vor allem eines nicht: jammern. Jammern hilft weder dir noch irgendjemand anders. Jammern lässt dich schwach aussehen, und mit der Zeit wird dich das Jammern auch schwach machen. Es ist interessant zu beobachten, wie viele Führungskräfte über ihr Team, ihren Chef oder ihre Aufgabe jammern. Wenn diese Führungskräfte die gleiche Energie in die Lösung ihres »Jammerthemas« stecken würden: Sie wären überrascht, wie schnell sie an ihr Ziel kommen würden.

Sofern dich also in Zukunft das Selbstmitleid packen sollte: Frage dich, ob es unter Umständen besser wäre, wenn du das Jammerthema einfach akzeptieren, etwas daran ändern oder kündigen würdest. Wie am Anfang des Buches erwähnt: *Love it, change it, or leave it.*

Erstelle eine »Jammerliste« auf einem weißen Blatt Papier. So kannst du listenmäßig alles aufschreiben, was dich momentan wirklich nervt: 1) Der Mitarbeiter Michael kommt ständig zu spät zu Meetings, 2) Günther ist immer so pessimistisch, 3) Die Geschäftsleitung genehmigt mein Projekt nicht – und so weiter. Dann schreibe neben jeden Jammersatz: *Love it* oder *Change it* oder *Leave it*. Folglich solltest du dich an deine Selbsteinschätzung halten. Wenn Mitarbeiter Matthias zum Beispiel immer zu spät zu Meetings kommt und du »Change it« daneben geschrieben hast, dann überlege dir im nächsten Schritt, wie du diese Situation konkret ändern kannst.

Das Resultat wird sein, dass du aus deinem Jammertal trittst und wieder auf den Selbstverantwortungsberg steigst. Und genau da gehören Corporate Rockstars hin. Da gehörst du hin.

»MITNEHMEN«

- Ein Corporate Rockstar sollte stets danach streben, respektiert anstatt geliebt zu werden.

- Ein echter Leader beweist sich insbesondere in schweren Zeiten.

- Du gibst die Richtung vor und stellst sicher, dass dein Team optimal aufgestellt ist, damit es Ziele erreichen kann.

- Schwierige Entscheidungen zu vermeiden und/oder sie nicht schnell genug umzusetzen, macht dich schwach.

- Du hast die Wahl – liebe es, lass es sein oder ändere es. Jammern ist keine Option!

»MITDENKEN«

Schreibe alles auf, was dich momentan nervt.

_____ _____

_____ _____

_____ _____

_____ _____

_____ _____

_____ _____

_____ _____

Gehe nun Zeile für Zeile durch deine Liste, und entscheide dich bei jedem dieser Punkte:

- Möchtest du es beenden?
- Möchtest du es verändern oder dafür kämpfen?
- Möchtest du es akzeptieren?

Gehe nun noch mal jeden Punkt durch, und schreibe zu jedem Punkt deine konkreten Aktionen, die du nun zu tun gedenkst.

Schau dir deine Liste noch mal an: Wie fühlst du dich jetzt?

Fang nun mit dem ersten Punkt auf deiner Liste an.
Leg einfach los – es gibt keinen perfekten Moment, anzufangen. Starte jetzt.

HOLE ROHDIAMANTEN IN DEIN TEAM

Baue dir ein Team aus hoch motivierten Mitarbeitern, die sich insbesondere durch Arbeitseinstellung und Potenzial auszeichnen und nicht durch ihre Erfahrung.

Wenn du Großes erreichen willst, wirst du dies nie alleine schaffen. Du bist auf dein Team angewiesen. Nur mit einem hoch performanten Team kannst du Berge versetzen und das Unmögliche möglich machen. Doch wie sieht ein ideales Team aus, und wie sehen die Charaktere aus, die du brauchst, um zu gewinnen?

Es ist gängige Praxis, dass man Mitarbeiter sucht, welche die angedachte Aufgabe bereits seit mehreren Jahren in einem anderen Unternehmen durchgeführt haben. Hier liegt der Fokus vor allem auf der konkreten Erfahrung der Mitarbeiter. Dies resultiert häufig darin, dass man sehr erfahrene Mitarbeiter einstellt, die aber nicht zwangsläufig hungrig sind beziehungsweise die Motivation besitzen, über sich hinauszuwachsen.

Hierzu fällt mir die Geschichte von Pierre ein, der als Abteilungsleiter des Produktmanagements in einem Weltkonzern ein neues Team aufbauen darf. Da Pierre noch ein wenig unsicher ist, wie er das Team aufbauen und worauf er achten soll, bittet er seinen sehr erfahrenen Kollegen Russel um Rat. Der Kollege empfiehlt Pierre, dass der potenzielle neue Mitarbeiter mindestens fünf Jahre lang genau das gemacht haben sollte, wofür er nun eingestellt werden wird. So kann man davon ausgehen, dass der potenzielle Mitarbeiter das Thema beherrscht und nicht erst in die Aufgabe hineinwachsen muss.

Pierre nimmt diesen Ratschlag an, sortiert großzügig die Bewerbungen aus und interviewt nur zwei Kandidaten, welche schon länger als fünf Jahre Produktmanager waren. Während der Interviews bekommt Pierre das Gefühl, dass die beiden Kandidaten zwar viel Erfahrung mitbringen, jedoch kaum Passion für das Thema haben. Schlussendlich entscheidet er sich für Fujita, die ihm sympathischer erschien. Schon nach kurzer Zeit beobachtet Pierre, dass Fujita nur schwer davon zu überzeugen ist, sich auf neue Ansätze und Wege einzulassen. Des Weiteren wirft sie Pierre vor, dass sie mehr Erfahrung als er habe und sie auch selbst Abteilungsleiterin sein könnte.

Was Pierre durchmacht, erleben Corporate Rockstars regelmäßig. Dies soll nicht heißen, dass alle erfahrenen Mitarbeiter solch ein zweifelhaftes Mindset mit sich bringen, aber dennoch sollte man bedenken, was einem wichtiger ist: konkrete Erfahrung oder der Wille, etwas voranzubringen und zu erreichen? Denk mal an dich selbst. Möchtest du als Corporate Rockstar auch nach fünf Jahren noch immer dasselbe machen? Corporate Rockstars bauen sich ein Team, das aus Rohdiamanten besteht. Und mit Rohdiamanten meine ich Personen, die vor allem die richtige Einstellung mit sich bringen, um eine Vielzahl von Aufgaben exzellent zu meistern. Rohdiamanten sind Individuen, die sich insbesondere aufgrund ihrer extrem hohen Motivation und ihrer intellektuellen Fähigkeiten auszeichnen. Diese Kombination erlaubt es ihnen, innerhalb kürzester Zeit in neuen Bereichen zu glänzen.

Welche Vorteile habe ich, wenn ich in erster Linie nach Potenzial und nicht nach Erfahrung einstelle?

1. Du bekommst ein talentiertes und motiviertes Team, das hungrig ist, gerne lernt und neue Wege geht. Und nur wer

bereit ist, neue Wege zu gehen, kann besser als die Masse sein. Insbesondere in der heutigen Zeit gibt es viele Herausforderungen, die derart neu sind, dass sich Erfahrung ohnehin häufig nicht auszahlt.

2. Du baust dir ein starkes Netzwerk und ein Team aus loyalen Mitarbeitern. Wenn du deinen Mitarbeitern bei deren Entwicklung hilfst, werden sie sich erkenntlich zeigen, und du wirst dich immer auf sie verlassen können.

3. In einem Corporate schwimmen alle Talente im selben Teich, und es kann politisch sehr unangenehm werden, wenn du Leistungsträger aus anderen Abteilungen abwirbst – für Rohdiamanten gilt dies meist nicht. Der Wert von Rohdiamanten wird häufig unterschätzt, und viele Vorgesetzte trauen sich nicht so recht, in die Entwicklung von »Unbekannten« zu investieren.

Du magst dich jetzt vielleicht fragen, ob es denn nicht zu riskant ist, Mitarbeiter hauptsächlich nach ihrem Potenzial auszusuchen. Vielleicht fragst du dich auch, wie du solche Mitarbeiter, die keine Erfahrung, aber Potenzial haben, überhaupt erkennen kannst. Es ist sehr schwer, im Voraus und mit 100-prozentiger Sicherheit zu wissen, ob eine Person das notwendige Potenzial mit sich bringt, um eine bestimmte Rolle auszufüllen. Aber das Gleiche gilt für Menschen, die viel Erfahrung mitbringen.

Eine gute Möglichkeit, um Rohdiamanten zu identifizieren, ist, mit offenen Augen durch die Welt zu gehen und insbesondere auf charakterlich unscheinbare, aber performativ auffällige Personen zu achten. Viele Rohdiamanten besitzen die gleichen Eigenschaften wie Corporate Rockstars, sprich sie sind hungrig, scheuen sich nicht vor hohem Einsatz, möchten vorankommen, Neues lernen und sind als Macher bekannt. Unter Umständen sind sie aber noch jung und nicht derart selbstbewusst, sodass sie nicht auf dem Radar aller Vorgesetzten auftauchen.

Suche nach solchen Personen in deiner Organisation, und frage in deinem Netzwerk nach jungen Talenten, die eine neue Herausforderung suchen. Eine weitere Möglichkeit ist, regelmäßig Praktikanten in deiner Abteilung zu beschäftigen – schon viele Rohdiamanten wurden im Rahmen eines Praktikums entdeckt, wurden direkt nach dem Universitätsabschluss eingestellt und haben sehr schnell Karriere gemacht.

Viele Organisationen, die sich durch außerordentliche Leistungen auszeichnen, verfolgen diesen potenzialorientierten Ansatz. Klassische Beispiele für solche Branchen sind die Unternehmensberatung als auch der Start-up- und Tech-Bereich.

Solltest du noch nicht nach Potenzial einstellen, sondern hauptsächlich nach Erfahrung, dann überlege dir zumindest, welche Rohdiamanten du kennst und zu welchen deiner Stellen diese passen könnten?

»MITNEHMEN«

- Motivation, Fähigkeiten und Wille sind oft wichtiger als Erfahrung.

- Mitarbeitern, denen du eine Chance zur Weiterentwicklung gibst, sind loyaler und motivierter.

- Du brauchst ein hochmotiviertes Team, um Großes zu erreichen.

- Suche in deinem Netzwerk nach Talenten, und gib ihnen die Chance, Großes zu erreichen.

- Binde Talente bereits während oder nach dem Studium an dich.

»MITDENKEN«

Das nächste Mal, wenn du eine Stelle in deinem Team oder Projekt zu besetzen hast, frage dich zunächst, welche zehn Leute in deinem Unternehmen (in den zwei Karriereebenen darunter) sich durch besonders gute Arbeit auszeichnen. Setz ihre Namen auf deine Liste.

1. _____

2. _____

3. _____

4. _____

5. _____

6. _____

7. _____

8. _____

9. _____

10. _____

Stelle drei Kollegen dieselbe Frage, und setz die Namen, die sie nennen, ebenfalls auf deine Liste.

1. _____

2. _____

3. _____

4. _____

5. _____

6. _____

7. _____

8. _____

9. _____

10. _____

Interviewe die Top-5-Kandidaten, die am häufigsten genannt wurden, und wähle eine Person aus, um sie auf die Stelle hin zu entwickeln.

HILF DEINEN MITARBEITERN ZU WACHSEN

Wenn du willst, dass dein Team motiviert ist und konstant über sich hinauswächst, musst du sicherstellen, dass deine Mitarbeiter sich kontinuierlich weiterentwickeln.

Persönliche Weiterentwicklung ist für dich als Rockstar ein wichtiges Thema, sonst würdest du dieses Buch nicht lesen. Und wenn es für dich wichtig ist, wird es höchstwahrscheinlich auch für deine Kollegen, Mitarbeiter und Vorgesetzten ein wichtiges Thema sein. Daher ist es zentral, dass du dich täglich damit beschäftigst, wie du deinem Umfeld helfen kannst, damit es sich ebenfalls weiterentwickelt und wächst.

Deinem Team kannst du am direktesten und folglich auch am meisten bei der Entwicklung helfen. Der erste Schritt ist, dieses Thema zum Programm zu machen und es in regelmäßigen Abständen mit deinen Mitarbeitern zu besprechen. Basierend auf dem aktuellen Entwicklungsziel des einzelnen Mitarbeiters sollte gemeinsam analysiert werden, welche Fähigkeiten noch aufgebaut werden müssen, damit dieses Ziel erreicht werden kann. Danach gilt es, deinen Mitarbeitern mittels Training, Coaching und gezielten Arbeitsaufträgen zu helfen, Neues zu lernen.

Dies bedeutet auch, dass sich manche Teammitglieder mit der Zeit nach neuen Herausforderungen außerhalb deines Teams umsehen werden. Das gilt es zu akzeptieren und sogar zu unterstützen. Du magst jetzt denken: Warum sollte ich meinen besten Teammitgliedern helfen, mich zu verlassen? Die Antwort ist, dass du Reisende nicht aufhalten kannst, und wenn du kompetente

Mitarbeiter hast, werden diese sich auf kurz oder lang unweigerlich neuorientieren. Sie werden also ohnehin gehen. Aber wenn du ihnen bei ihrer Neuorientierung hilfst, dann werden sie dir dankbar sein – und du weißt: Man sieht sich im Leben bekanntlich immer zweimal. Vielleicht wird dein ehemaliger Mitarbeiter irgendwann sogar dein Chef sein!

Ebenfalls wirst du mit der Zeit sehr davon profitieren, wenn du dafür bekannt sein wirst, Mitarbeiter zu »entwickeln« und ihnen beim Wachsen zu helfen. Das Resultat: Du wirst ein sehr attraktiver Vorgesetzter für zukünftige Corporate Rockstars sein. Und als Magnet für Talente wirst auch du in kürzerer Zeit mehr erreichen. Indem du anderen hilfst, knüpfst du ein extrem starkes Netzwerk aus Menschen, die dir für eine lange Zeit dankbar und loyal sein werden.

Hierzu fällt mir die Geschichte von David ein, einem talentierten Projektleiter in einer Unternehmensberatung, der für sich selber das Ziel hatte, noch einmal zu studieren. David war sehr offen und ehrlich zu seinem Chef und meinte: »Ich mag es, hier zu arbeiten, aber ich möchte meinen Master machen. Danach würde ich gerne wiederkommen, wenn ich darf, aber ich muss den Master machen – für mich.« David wurde von seinem Chef sehr geschätzt, nicht nur für seine Leistungen, sondern auch für seine Offenheit, weshalb er sich dazu entschloss, Davids Studiengebühren zu bezahlen und ihn weiterhin auf Stundenbasis zu beschäftigen. David war überrascht und sehr dankbar. Mittlerweile ist er einer der loyalsten und engagiertesten Mitarbeiter seines Teams und leistet deutlich mehr, als von ihm gefordert wird.

Ein weiteres Mittel, um Mitarbeitern beim Wachsen zu helfen, ist die angepasste Aufgabenverteilung. Indem du Rücksicht auf die persönlichen Interessen und Entwicklungsziele deiner Teammitglieder nimmst und versuchst, Aufgaben – wenn möglich – angepasst zu vergeben, können alle Beteiligten davon profitieren. Wenn du beispielsweise einen Mitarbeiter hast, der eine Stelle im Bereich Digitaler Vertrieb ansteuert und du aktuell ein Projekt zum Thema Digitale Geschäftsmodelle zu vergeben hast, bietet es sich an, diesen Mitarbeiter auf dieses Projekt anzusetzen, auch wenn er nicht der erfahrenste Mitarbeiter auf diesem Gebiet ist. Denn da er sehr an diesem Thema interessiert ist, wird er das Vertrauen schätzen und alles daransetzen, aus purem Eigeninteresse sein Bestmögliches zu geben.

Es geht aber nicht nur darum, deinen Mitarbeitern bei der Weiterentwicklung zu helfen, sondern generell Mitspielern zu helfen, etwas Neues zu lernen und sich zu verbessern. Eine besonders einfache und hilfreiche Methode ist, wenn man sich die Mühe macht, ehrliches und konstruktives Feedback zu geben. Wenn eine Person nicht weiß, wie sie sich überhaupt verbessern kann, dann wird es schwer für sie werden, dies zu leisten. Hier ist es natürlich wichtig, Feedback mit dem nötigen Fingerspitzengefühl zu übermitteln und stets persönlich wertschätzend zu kommunizieren, aber dennoch aufrichtig und ehrlich zu sein.

Hierzu fällt mir eine Geschichte von Nils ein. Nils ist hoch motiviert, immerzu engagiert und talentiert darin, Menschen für sich und eine Sache zu gewinnen. Doch manchmal passiert es ihm, dass er unüberlegt handelt und dadurch den Unmut seines Teams auf sich zieht, mit dem Resultat, dass das Team dysfunktional wird. Nils' Chef weiß nicht, wie er dieses Problem in den Griff bekommen soll, und bespricht sich mit Petra, einer von Nils' Kolleginnen. Der Chef beteuert, dieses Problem bereits mehrfach direkt angesprochen zu haben, aber es habe sich nichts verändert.

Da Petra, eine absolute Expertin in Sachen Besonnenheit und umsichtiger Projektführung, Nils sehr mag, entscheidet sie sich, ebenfalls das direkte Gespräch mit ihm zu suchen, ihm direkt

Feedback zu geben und ihm zu helfen, das Thema in den Griff zu bekommen. Dank ihres offenen und einfühlsamen Feedbacks sowie der Tatsache, dass Petra sehr gut in dem ist, was Nils nicht gut kann, versteht er zum ersten Mal, welches Problem er eigentlich hat und wie er es lösen kann. Dank dieses kollegialen Feedbacks kann sich Nils signifikant weiterentwickeln. Er ist dankbar für die erhaltene Hilfe und freut sich, diese bei Gelegenheit einmal zurückzugeben.

Diese Geschichte zeigt, dass adäquat kommuniziertes Feedback als sehr wertvolle Hilfe wahrgenommen werden kann. Mit Hilfe von Feedback kannst du nicht nur deinen Mitarbeitern und Kollegen, sondern auch deinen Vorgesetzten helfen.

Eine weitere Möglichkeit, wie du deinen Mitspielern beim Wachsen helfen kannst, ist beispielsweise das Teilen von interessanten Artikeln, Studien und Büchern, sofern diese für alle Beteiligten relevant sind. Wenn du solche Artikel über Social Media teilst, kannst du unter Umständen sogar Menschen helfen, die du gar nicht kennst.

»MITNEHMEN«

- Die meisten Menschen wollen sich weiterentwickeln.

- Hilf deinen Mitspielern zu wachsen und sich weiterzuentwickeln.

- Gib regelmäßiges Feedback und hilf deinem Team, sich weiterzuentwickeln.

- Gute Mitarbeiter muss man ziehen lassen, und man darf ihnen keine Steine in den Weg legen.

- Ermögliche deinem Team, sich kontinuierlich weiterzuentwickeln, sonst wirst du es verlieren.

»MITDENKEN«

Blockiere dir in deinem Kalender jeden Freitag 60 Minuten Feedback-Zeit. In dieser Zeit lässt du die Woche innerlich Revue passieren und schreibst Feedback-Notizen an deine Mitarbeiter. Nutze diese notierten Punkte während deiner nächsten Termine mit deinen Mitarbeitern, um ihnen beim Wachsen zu helfen.

Führe alle sechs Monate mit jedem Mitarbeiter deines Teams ein persönliches Entwicklungsgespräch, in dem du die folgenden Fragen stellst:

- Was hast du in den letzten sechs Monaten gelernt?
- Was möchtest du in den nächsten sechs Monaten lernen?
- Was brauchst du, um dein Lernziel zu erreichen?
- Wie kann ich dir dabei helfen?

#4 VERHALTEN

Taten sprechen lauter als Worte. In der Summe geht es in diesem Kapitel darum, wie Corporate Rockstars sich tagtäglich verhalten. Um es auf den Punkt zu bringen: Sie sind authentisch, krempeln ihre Ärmel hoch, packen an, denken in Ergebnissen und wissen, dass sich sämtliche Handlungen auf die Zukunft auswirken – sowohl die getätigten als auch die unterlassenen. Dies alles zahlt auf die eigene Marke ein.

Das erwartet dich konkret auf den nächsten Seiten:

1. Arbeite selbst
2. Denk in Deliverables
3. Schaff dir ein lebenslanges Netzwerk
4. Baue deine Marke
5. Sei authentisch, du bist kein Schauspieler
6. Was soll's? Mach es einfach!

ARBEITE SELBST

Willst du wirklich etwas bewegen?
Dann schmeiß dich in deine Arbeit. Wo andere
nur delegieren, hast du schon geliefert.

Wenn du bei Google »Leader vs. Manager« eingibst, erhältst du hunderte Bilder von Managern, die auf einem Karren sitzen und ihr Team mit der Peitsche in der Hand anschreien – und daneben Bilder von Leadern, die den Karren gemeinsam mit dem Team ziehen.

Wie viele Führungskräfte kennst du, die ab einem bestimmten Karrierelevel nicht mehr mit anpacken? Mit »anpacken« meine ich das selbstständige Produzieren von Ergebnissen, anstatt ausschließlich Mitarbeiter oder externe Berater zu dirigieren. Warum ist es überhaupt wichtig, selbst auch anzupacken? Weil das nun mal in bestimmten Situationen erforderlich ist, wenn gute Ergebnisse erreichen werden sollen. Es ist vor allem immer dann notwendig, wenn alle anderen »Geht nicht« sagen, aber deine Intuition dir sagt: »Und wie es geht!« Dann ist der Moment gekommen, die Ärmel hochzukrempeln und als Führungskraft selbst ans Werk zu gehen, damit schneller und auf einem weniger frustrierenden Weg Ergebnisse erzielt werden können – sowohl für Angestellte als auch die Führungskraft selbst. Denn manchmal begreift das Team einfach nicht, wie eine Lösung auszusehen hat.

So eine Situation kann zum Beispiel aufgrund unterschiedlicher Fähigkeitsgrade zwischen Führungskraft und Team entstehen oder weil die Kommunikation zwischenzeitlich stockt. Ein weiterer, weitverbreiteter Grund, weshalb Mitarbeiter manchmal nicht auf die richtige Lösung eines Problems kommen: »Ich habe dafür keine Zeit – was soll ich denn sonst noch alles machen?«

Beziehungsweise die fortgeschrittene Version: »Ja klar, mache ich gerne – nächsten Monat dann.«

Hier ein paar weitere Beispiele für Ausflüchte von Nay-Sayers: »Das geht nicht«, »Klappt doch eh nicht«, »Ich weiß, dass das nicht klappt – brauch ich gar nicht erst probieren«. Hierzu passt ein Zitat von Nelson Mandela hervorragend: »Es erscheint immer unmöglich, bis es vollbracht ist.« Wenn du also wirklich etwas bewegen willst, dann fackle nicht lange und mach es selber, wenn das Team ins Stocken gerät.

Die Corporate Disease der Arbeitsverweigerung in der Führungsebene ist bereits derart stark verbreitet, dass diejenigen Führungskräfte, welche ihre Ärmel tatsächlich noch hochkrempeln und arbeiten, als Seltenheit betrachtet werden.

Dazu eine reale Geschichte: Andrew startete neu in seiner Rolle als Business-Field-Leiter in einem Fortune-500-Biotech-Unternehmen im Headquarter in Massachusetts. Andrew war sehr eloquent, rhetorisch bewandert und hatte viel Drive. Sobald Andrew in einen Meetingraum kam, wusste jeder, wer der Boss ist. Am Anfang hatten viele seiner Mitarbeiter, Kollegen und Vorgesetzten großen Respekt vor Andrew.

Das änderte sich allerdings mit der Zeit. Denn es häuften sich Situationen, in denen Andrew seine Aufträge, die er von oben erhielt, ohne sich viel mit ihnen zu beschäftigen, an sein Team weiterdelegierte. Sobald Andrew in den Meetings mit seinen Themen konfrontiert wurde und etwas nicht wusste, wurde er aggressiv und laut, was anfangs durchaus einschüchterte. Mit der Zeit empfanden alle anderen dieses Verhalten aber nur noch als lächerlich. Viele redeten hinter seinem Rücken über Andrew, den sie als *Hot Potato Man* betitelten. Denn jedes Mal, wenn er ein schwieriges Thema überreicht bekam, schmiss er es jemand anders zu, wie man es mit einer heißen Kartoffel tut.

»Das Verhalten während einer Stunde kann über eine Jahrtausende während Reputa- tion entscheiden.«

JAPANISCHES SPRICHWORT

Es dauerte nicht lange und Andrew wurde gar nicht mehr ernstgenommen. Seine Mitarbeiter fragten sich, was er den ganzen Tag eigentlich mache – abgesehen vom Rumkommandieren? Dem Team ging die Loyalität abhanden, und keiner dachte mehr daran, Andrew die Lorbeeren für die Arbeit einheimsen zu lassen. Und so war es nur noch eine Frage der Zeit, bis Andrew sich außerhalb des Unternehmens umsehen musste – unfreiwillig.

Es gibt aber auch Beispiele, die zeigen, dass es auch anders geht. Schauen wir uns Christian an, der eine steile Karriere hingelegt hat und nicht nur CDO, sondern auch Vorstandsmitglied eines internationalen Maschinenbauunternehmens ist. Christian erstellt seine Slides und formuliert seine Konzepte auch heute noch selbst. Das gelingt im ersten Entwurf nicht immer bravourös – aber darum geht es ihm nicht, denn die Feinheiten können andere übernehmen. Christian geht es primär darum, als Vorbild zu fungieren und deshalb auch selbst manchmal die vermeintliche Drecksarbeit zu machen, anstatt ausnahmslos sein Team hierfür zu verbraten.

Wichtig ist, dass du als Führungskraft ein Feingefühl dafür entwickelst, wann es gut ist, selbst in den »Dreck« zu springen und zu übernehmen, und wann es gut ist, das lieber nicht zu tun.

Viele Corporate Rockstars versuchen Folgendes: Sie lassen sich 90 Prozent der Arbeit liefern, nehmen diese dankend an, verfeinern sie und bringen sie zu Ende. Denn welches Signal empfangen die Mitarbeiter aufgrund solch einer Arbeitsweise? Und zwar, dass eine gute Arbeit geleistet wurde und diese verwertbar ist. Sollte schlechte Arbeit abgeliefert werden, dann sollte die Führungskraft die Ergebnisse nach Möglichkeit korrigieren und dem Team dabei helfen, beim nächsten Mal besser zu werden. Sollten die Ergebnisse des Teams grottenschlecht sein, dann muss die Führungskraft das Ruder übernehmen und die Arbeit selbst machen.

Manchmal kann es allerdings passieren, dass die Mitspieler im Unternehmen der festen Überzeugung sind, dass etwas absolut nicht geht. Genau das ist Samantha passiert. Samantha ist ein lupenreiner Corporate Rockstar; ambitioniert, selbstbewusst, leistungsorientiert und unabhängig – angestellt bei einem Fortune-1000-Unternehmen im Strategiebereich. Das Unternehmen hat sich entschieden, aufgrund einer Übernahme zu wachsen. Die Anti-Trust-Behörde stimmte diesem Vorhaben nicht zu, weil das Unternehmen dadurch angeblich marktbeherrschend werden würde, was allerdings nicht der Wahrheit entsprach. Der Strategieabteilung war das bewusst, einen Ausweg aus der Misere fand man allerdings nicht.

Mühsame Diskussionen begannen: »Wir müssten über 100 000 Kunden einzeln analysieren und darstellen, um zu beweisen, dass wir nicht marktbeherrschend sind.« Solche Überlegungen wurden hin und her geworfen, bis Samantha eines Tages die Ärmel hochkrempelte und sich an die Arbeit machte. Samantha fand heraus, dass es nicht 100 000 Kunden, sondern lediglich 3 000 waren, die analysiert werden mussten. Allerdings fehlten wichtige Informationen über diese 3 000 Kunden, weshalb sie begann, die Websites dieser Kunden zu durchforsten und sie durchzutelefonieren. Sie holte ausnahmslos alle notwendigen Informationen ein, bereitete diese auf und präsentierte sie dem Strategieteam. Das Resultat war, dass die Firmenübernahme schlussendlich doch durchgeführt werden durfte – die Behörden stimmten zu. Diese Maßnahme hat Samantha drei Tage Arbeit gekostet, verglichen mit wochenlangem Bangen und Diskutieren ein großartiger Zeiteinsatz.

Lust auf einen kleinen Realitätscheck? Geh mal gedanklich durch das Topmanagement deines Unternehmens. Hast du das Gefühl, dass dort wirklich alle mit anpacken? Oder delegieren einige der dir bekannten Topmanager nur via Meetings und E-Mails? Jetzt denk an das Managementlevel darunter. Wie sieht es mit der Arbeitsmoral der Senior Manager aus? Wahrscheinlich hast du die passenden Gesichter zu den passenden Führungstypen im Kopf. Die einen passioniert, erfolgreich und dynamisch, die anderen weniger. Die eine Gruppe packt auch selbst mal an, die andere nicht – unabhängig von der Führungsebene, denn »Faulenzer« gibt es überall.

»MITNEHMEN«

- Corporate Rockstars wissen, wann sie selbst anpacken sollten, damit es schneller geht.

- Wenn du wirklich etwas bewegen willst, dann übernimm das Ruder so oft es geht.

- Entwickle ein Feingefühl für die Aufgaben, die du delegieren solltest, und diejenigen Aufgaben, die du lieber selbst erledigen solltest.

- Manchmal ist es besser, schnellstmöglich anzupacken, als ewig lang über ein Thema zu diskutieren. Nachbessern geht immer.

»MITDENKEN«

An welchen Themen arbeitest du momentan, die du eigentlich delegieren könntest?

Warum delegierst du sie nicht?

Welche dieser Themen könntest du zu 90 Prozent delegieren und das Finish selbst erledigen?

Was würde diese Vorgehensweise bei deinen Mitarbeitern und Kollegen auslösen?

DENK IN DELIVERABLES

Deliverables bleiben in Erinnerung.
Alles andere ist nicht greifbar, unauffällig
und schnell vergessen.

Geht es dir auch so, dass du ein Anliegen eher im Kopf behältst, wenn du es zum Beispiel schriftlich gut aufbereitet erhältst und nicht nur mündlich oder als simple Mail? Den meisten geht es so, denn sobald Informationen in einem Format, einer Datei, in einem Deliverable aufbereitet werden, dann steigt deren Signifikanz.

Hierzu erzähle ich dir folgende, wahre Geschichte: Nadja arbeitet in einem internationalen Konzern und ist Marketingverantwortliche für die Region Asia-Pacific. Sie reist mit ihrem Boss James nach Japan. Als beide 15 Minuten vor Terminbeginn im Meetingraum ankommen, wendet sich Nadja zu James und flüstert: »Ich bin mal gespannt, ob es Hirako dieses Mal versteht. Ich habe bereits fünf E-Mails geschrieben und bis heute keine Entscheidung erhalten.«

Nadja setzt sich hin und packt ihren Laptop aus. James denkt nach und meint: »Gib mir mal deinen Laptop, bitte.« James sieht sich die Mails an und kopiert die wesentlichen Punkte in eine PowerPoint-Präsentation. Über die entscheidungsnotwendigen Punkte schreibt er »Decision required« und bittet Nadja, diese Präsentation vorzuführen. Diese kleine Maßnahme half, um die notwendigen Entscheidungen aus Hirako herauszukitzeln.

Warum haben Deliverables so eine starke Wirkung? Eigentlich ist das ganz einfach zu erklären: Verglichen mit den Dutzenden E-Mails und verbalen Meetings, denen wir täglich ausgesetzt sind, ist ein gut ausgearbeitetes, greifbares Deliverable die Seltenheit. Und Seltenheiten bleiben besser im Kopf hängen.

E-Mails sind klasse für die Kommunikation, allerdings verlieren gute Ideen an Druckkraft, sofern sie lediglich in einem Absatz in einer Mail erwähnt werden. Die Strukturierung von Ideen hilft nicht nur dem Verfasser, diese besser zu verstehen, sondern vor allem dem Empfänger der Nachricht.

Die Wahrnehmung eines jeden Menschen funktioniert auf eine sehr individuelle Art und Weise. Wenn du dir beispielsweise ein rotes Auto vorstellst, das an der Straße parkt – wie sieht es in deinen Gedanken aus? Ist es ein Sportwagen, ein Mittelklassewagen oder eine andere Art Wagen? Was ist mit der Straße? Ist es eine Feldstraße oder eine Straße in der Stadt? Scheint die Sonne oder regnet es? Ich stelle mir einen roten Lieferwagen auf einer sonnendurchfluteten Asphaltstraß vor. Ich wette, dein mentales Bild unterscheidet sich von meinem. So ähnlich funktioniert es mit Mails, in denen versucht wird, große Konzepte mit wenigen Worten zu vermitteln – jeder Empfänger stellt sich etwas anderes darunter vor.

Hierzu passt auch der Spruch: »Bilder sagen mehr als 1 000 Worte.« Gerade im Businesskontext sollten wir uns daran halten. Deliverables sollten optimalerweise Infografiken, Bilder und/oder Abbildungen enthalten, die dem Leser das Verständnis erleichtern. So kann die Nachricht, respektive das Konzept, vereinfacht rübergebracht werden. Hinzu kommt, dass Infografiken et cetera lieber im Intranet oder Internet mit anderen geteilt werden als reiner Text.

Forrester, ein namhafter Market-Analysis-&-Reseach-Anbieter im IT-Bereich, weiß das schon längst. Die Autoren und Reporter dieses Unternehmens nennen ein derartiges Vorgehen intern Snippet Jumping. Verglichen mit Mitarbeitern anderer Unternehmen arbeiten sie im Schnitt doppelt so lang an den Über- und Unterschriften sowie an den Infografiken ihrer Nachrichten. Sie wissen, dass ihre Zielgruppe (CIOs und Senior-IT-Manager) nicht viel Zeit hat und es für alle Beteiligten vorteilhaft ist, wenn komplexe Informationen kompakt und verständlich aufbereitet werden. Diese Vorgehensweise zahlt sich aus, denn die Infografiken von Forrester werden nicht nur innerhalb des Unternehmens, sondern auch via Internet geteilt und geliked und landen nicht selten auf PowerPoint-Präsentationen anderer Unternehmen. Was für eine geniale Eigenwerbung!

Wenn die Slides eines Unternehmens kopiert werden, dann ist das ein Zeichen von Qualität. Es zeigt, dass die Mitarbeiter dieses Unternehmens agieren und nicht nur reagieren. Heute besitzt die 6-P-Regel genauso Gültigkeit wie früher: *Proper prior planning prevents poor performance*. Ein gut vorbereitetes und durchdachtes Deliverable bleibt also länger in Erinnerung als eine simple E-Mail. Zudem kann man sich über ein Deliverable profilieren, indem man den eigenen Namen in die Infografiken einbaut.

Wie viele qualitativ hochwertige Deliverables hast du in deinem Leben schon erstellt und an deine Chefs oder Mitarbeiter verschickt? Denk mal drüber nach! Glaub mir, es zahlt sich aus, diese Mehrarbeit zu leisten, denn Deliverables sind ein klarer Beweis dafür, dass du dich intensiv mit einem Thema beschäftigt hast und zu einer Lösung gekommen bist. Je mehr einwandfreie Deliverables von dir im Umlauf sind, desto höher steigt dein Corporate-Rockstar-Status im Unternehmen.

So war das auch bei Matthias, der im internationalen E-Commerce-Team eines namhaften Retailers arbeitete. Er wurde befördert, weil sein ehemaliger Chef es nicht geschafft hatte, E-Commerce in mehr als sieben Ländern anzubieten. Der Grund: Die anderen 38 Länder hatten andere ERP-Systeme und IT-Infrastrukturen. Matthias sollte diesen Zustand nun verbessern. Sein ehemaliger Chef hatte in unzähligen Meetings und Mails darauf hingewiesen, dass diese Aufgabe nicht zu bewältigen sei. Matthias wollte diese Aussage nicht hinnehmen.

Er segmentierte die übrigen 38 Länder in drei Klassen: A-Countries, B-Countries und C-Countries. Die A-Countries sind zwar schwierig, allerdings lohnenswert, die B-Countries sind noch schwieriger und die C-Countries kaum möglich. In einem Country-Scenario-Dokument hat Matthias nun alle Möglichkeiten, Probleme, Lösungen sowie Bedingungen aufgelistet, die notwendig sind, um E-Commerce in diesen Ländern anzubieten. Anschließend holte er Feedback ein und entschied: Das Country-Scenario-Dokument ist nun final und versandbereit. Zwei Jahre später waren 30 weitere Länder an das E-Commerce-System angeschlossen. Das Dokument gilt bis heute als Leitfaden und wird immer wieder mit Matthias in Verbindung gebracht. Der Aufwand: Matthias brauchte für die erste Version drei Stunden. Danach ging es nur noch um Verifizierungen und Anpassungen. Das Resultat: Eine immense Wertsteigerung für das Unternehmen und Matthias Ansehen wuchs.

Schau dich in deinem Unternehmen um. Wer arbeitet noch an Deliverables – unabhängig von der Hierarchiestufe? Wie viele deiner Mitarbeiter und Vorgesetzten haben das Arbeiten verlernt und geben solche Aufgaben an Juniors oder Externe weiter? Diejenigen, die kontinuierlich Karriere machen, erstellen wichtige Deliverables selbst. Rockstars wissen, dass Deliverables eine höhere Signifikanz und Halbwertszeit haben als Flurgespräche und Mails.

»MITNEHMEN«

- Deliverables bleiben länger in Erinnerung als E-Mails oder kurze Gespräche.

- Deliverables werden innerhalb und unter Umständen auch außerhalb des Unternehmens geteilt und positionieren dich.

- Gut erstellte Deliverables reduzieren die Komplexität und strukturieren deine Gedanken.

- Die meisten Konzernmitarbeiter reden nur – Corporate Rockstars liefern. Und zwar Greifbares.

»MITDENKEN«

Welche Themen ziehen sich bei dir wie Kaugummi, und es geht nicht wirklich weiter?

_____

_____

_____

_____

_____

Pick dir das wichtigste Thema raus. Was hast du schon alles dafür getan, damit es vorankommt?

_____

_____

_____

_____

Wie hast du welchen Inhalt an wen kommuniziert? Waren es PowerPoint-Präsentationen? Waren es PDFs, waren es E-Mails, war es ein Gespräch? Hast du direkt vorgetragen oder nur eine Mail verschickt?

_____

_____

_____

_____

Was würde passieren, wenn du die wichtigsten Inhalte in eine PowerPoint-Präsentation packst, auf das erste Slide »Entscheidung« schreibst und sie verschickst?

_____

_____

_____

_____

SCHAFF DIR EIN LEBENSLANGES NETZWERK

*Im Laufe deiner Karriere wirst du
mit vielen Menschen zusammenarbeiten
und mit vielen mehr als einmal.*

Ein gutes Netzwerk wird dir im Zuge deiner Karriere in vielen Bereichen helfen. Insbesondere in einem Corporate bleiben viele Mitarbeiter sehr lange im Unternehmen und erleben jahrzehntelang Höhen und Tiefen. Selbst wenn Personen das Unternehmen verlassen, tauchen sie in der Regel in einem Unternehmen der gleichen Branche wieder auf. Je höher man sich in der Hierarchie befindet, desto kleiner wird die berufliche Welt und desto öfter begegnet man sich.

Doch warum ist ein starkes Netzwerk wichtig für einen Rockstar? Rockstars zeichnen sich dadurch aus, dass sie sehr schnell Karriere machen, in Rekordzeit neue Verantwortungen übernehmen und immer wieder neue Herausforderungen erhalten. Der erste Vorteil eines starken Netzwerkes ist, dass du für spannende Stellen empfohlen wirst, dir mehr Vertrauen entgegengebracht wird und du folglich schneller Karriere machst. Der zweite Vorteil ist, dass du eine breite Basis an Menschen hast, die dir helfen können, deine Aufgaben erfolgreich zu meistern. Der dritte Vorteil: Ein starkes Netzwerk funktioniert wie ein Bodyguard im politischen Corporate-Urwald. Du solltest, wenn du auf interessante Kollegen triffst, eine Beziehung zu ihnen aufbauen und pflegen – regelmäßig im Austausch bleiben. Hierfür bieten sich Kaffeepausen und gemeinsame Mittagessen an, bei denen du über allgemeine Firmenthemen philosophieren kannst.

Du fragst dich jetzt bestimmt, wie du dir ein Netzwerk aufbauen kannst, das dir solche Vorteile bringen wird. Das Wichtigste ist, die Grundprinzipien von Netzwerken zu verstehen. Wenn ich von einem starken Netzwerk rede, meine ich nicht, dass du täglich 50 Leuten in deiner Firma zuwinkst und mit 10 Leuten täglich Kaffee trinken gehen sollst. Ein starkes Netzwerk, das dir etwas bringt, basiert auf langzeitlichen und vertrauensvollen Beziehungen. Solche Beziehungen funktionieren wie ein Vielfliegerprogramm. Du musst erst mal investieren und Beziehungspunkte sammeln. Beziehungspunkte sammelst du, indem du anderen hilfst, erfolgreich zu sein. Und wie bei einem Vielfliegerprogramm, kannst du nur einen Bruchteil der Gefallen zurückerwarten. Du musst viel mehr geben als nehmen! Dein Netzwerk ist erst dann bereit, dir zu helfen, wenn du gezeigt hast, dass auch du helfen kannst.

Eine passende Geschichte liefert Steffen, ein junger und aufstrebender Mitarbeiter einer Strategieabteilung in der schnelllebigen Konsumgüterindustrie. Steffen hat auf einem mehrtägigen Firmentraining Jan kennen gelernt, der zu diesem Zeitpunkt Teamleiter der M&A-Abteilung war. Die beiden haben sich gut verstanden und tauschten sich seitdem regelmäßig über die Neuigkeiten und Entwicklungen ihrer Arbeit aus. Steffen half Jan mehrmals, Analysen über dessen Geschäftsbereich zu erstellen und branchenrelevante Fragen zu beantworten. Eines Tages rief Jan Steffen an und bat ihn, nach der Arbeit bei ihm im Büro vorbeizukommen. Im Büro erwartete ihn nicht nur Jan, sondern auch der Leiter der M&A-Abteilung. Sie fragten ihn, ob er bereit sei, ein Geheimprojekt zu übernehmen, von dem nicht mal der Bereichsleiter wissen durfte.

Etwas irritiert stimmte Steffen zu und arbeitete von nun an zwei Wochen lang an einem transformativen M&A-Projekt, welches später zu einer der größten Akquisitionen des Unternehmens führen sollte. Steffen konnte zeigen, dass man ihm vertrauen kann und dass er Arbeitsethos besitzt, weshalb Jan sich entschloss, ihn bei seinem nächsten Projekt mit an Bord zu holen – es war ein Riesenprojekt. Dank seines Networkings war Steffen nun eine der ersten 20 Personen, die in das prestigeträchtige Projekt involviert wurden. Im Zuge dieser Arbeit erweiterte er sein Netzwerk massiv, das er bis heute nutzt.

Für deine Karriere ist es extrem wichtig, dass du ein gutes Netzwerk aus Entscheidungsträgern oder dem Umfeld der Entscheidungsträger knüpfst. In einem Corporate befindet sich das Machtzentrum in der Regel in der Konzernzentrale, und daher ist es wichtig, insbesondere hier langlebige Beziehungen zu Mitarbeitern aufzubauen und zu pflegen.

Eine weitere Regel ist, immer im Hinterkopf zu behalten, dass man nie wissen kann, wann jemand aus dem Netzwerk für die eigene Karriere wichtig sein wird. Sei dir also immer bewusst, dass es dir später mal schaden kann, wenn du schlecht über jemanden redest oder den Konflikt mit jemandem suchst. Man sieht sich immer zweimal im Leben und manchmal schneller, als man denkt.

Hierzu möchte ich die Geschichte von Stefan mit dir teilen, der eine Teamleiterposition in einem Innovationszentrum innehatte. Seine Aufgabe war, die Prozesse zu koordinieren, weshalb er in enger Abstimmung mit den Stakeholdern des Unternehmens stand. Stefan hatte sich innerhalb kürzester Zeit mit Marie überworfen, einer seiner Stakeholderinnen, die ganz neu im Unternehmen war. Zu dieser Zeit fühlte sich Stefan selbstbewusst, weil seine Position einflussreich und Marie neu im Unternehmen war – ihm daher nicht gefährlich werden konnte. Stefan verbreitete Geschichten über Marie, die zwar stimmten, sie aber in keinem guten Licht dastehen ließen, weshalb sie nicht gut auf Stefan zu sprechen war.

Stefan konnte zu diesem Zeitpunkt natürlich nicht wissen, dass Marie innerhalb weniger Monate vom Topmanagement entdeckt und zu seiner Chefin befördert werden würde. Leider war es für ihn nachträglich nicht mehr möglich, eine funktionierende Arbeitsbeziehung mit ihr aufzubauen – er musste sich in einem anderen Unternehmen neu orientieren.

Ein klarer Appell: Rockstars gehen immer respektvoll mit anderen Menschen um und sind sich bewusst, dass man sich immer mehrmals im Leben sieht. Falls du doch mal offen in einen Konflikt gehen willst, was durchaus mal vorkommen kann, dann wiege vorher ab, was dir die Befriedigung deines Konfliktes wert ist. Sie wird dich auf jeden Fall etwas kosten, und du weißt nicht, wie viel und wann du bezahlen wirst!

»MITNEHMEN«

- Vertrauensvolle Beziehungen eröffnen dir neue Möglichkeiten.

- Du musst in einer Beziehung mehr geben, als du nimmst.

- Beziehungen sind am stärksten, wenn du mit der Person durchs Feuer gegangen bist.

- Beziehungen zur Konzernzentrale sind einer der Schlüssel zu einer Karriere im Corporate.

- Behandle alle Menschen mit Respekt, und vermeide Lästern und abwertende Kommentare.

»MITDENKEN«

Wer sind die zehn Personen in deinem Unternehmen, mit denen du besonders erfolgreich zusammengearbeitet hast?

1. _____   6. _____

2. _____   7. _____

3. _____   8. _____

4. _____   9. _____

5. _____   10. _____

Vereinbare mit diesen Personen einen regelmäßigen Termin, um die Beziehungen zu pflegen – und biete immer proaktiv Hilfe an.

Gewöhne dir an, jeden Tag mit einer anderen Person essen zu gehen.

BAUE DEINE MARKE

Mit dir kriegen sie das,
was du ihnen gezeigt hast.
Nicht mehr, nicht weniger.

Unternehmen benötigen mitunter Jahrhunderte, um eine Marke zu etablieren. Eine Marke ist ein Versprechen für oder gegen etwas. Eine Marke polarisiert. Corporate Rockstars etablieren eine Personal Brand – sie machen sich selbst zur Marke.

Warum ist es wichtig, eine Personal Brand zu haben? Das Gleiche fragte sich Katherine, als sie zum ersten Mal von ihrem Coach auf dieses Thema angesprochen wurde. Katherine war eines der großen Talente in ihrem Finanzkonzern. Sie beschwerte sich bei ihrem Coach, weil ihr immer wieder Positionen in Abteilungen angeboten wurden, in denen es drunter und drüber ging. Die Vorgehensweise wiederholte sich: Telefon klingelt, Treffen mit HR im Café, Jobangebot von HR, Katherine sagt zuerst *Nein*, HR besteht darauf, Katherine sagt *Ja*, Katherine startet im neuen Job, Katherine analysiert, Katherine stellt Prozesse um, Telefon klingelt, Treffen mit HR im Café und so weiter.

Der Coach guckte Katherine dezent grinsend an, hob die Augenbrauen und fragte: »Und, Katherine, klingelt's?« Und da fiel es Katherine wie Schuppen von den Augen. Sie hatte sich unbewusst eine Personal Brand als Prozess-Guru aufgebaut. Aber so wurde Katherine von ihren Kollegen nicht bezeichnet, sondern eher weniger schmeichelhaft als Prozess-Tante. Die Fragen, die sich Katherine nun stellen musste, lauteten: Wie komme ich aus dieser Schublade wieder raus? Und wie komme ich in eine andere hinein? Wie erweitere ich meine Personal Brand? Soll ich in einem neuen Unternehmen anfangen und dort eine neue Personal Brand für mich aufbauen? Oder soll ich bleiben und meine Personal Brand ändern? Das Wichtigste hatte Katherine aber schon geleistet, nämlich zu erkennen, was ihr Problem eigentlich ist. Nun konnte sie etwas daran ändern.

So kann es nämlich auch gehen: Man ist ein angehender Rockstar und ist in einer Sache richtig gut. Andere bemerken das und wollen mehr davon. Man selbst merkt erst mal gar nichts und zahlt immer mehr auf diese Personal Brand ein, obwohl man eigentlich anderweitig eingesetzt werden möchte. Allerdings birgt eine derartige Situation auch eine große Chance: Wenn man sich dieses Problems bewusst wird, gestaltet es sich relativ einfach, bewusst eine andere Personal Brand zu formen.

Nichtsdestotrotz geschieht der Aufbau einer Personal Brand nicht über Nacht, sondern bedeutet jahrelange Arbeit, ist aber kein Hexenwerk. Bei Katherine lautet die Formel zum Erfolg »Katherine = Prozess« – bei anderen mag das Attribut anders lauten, beispielsweise »Schnell«, »Gründlich« oder »Vorschlaghammer«. Egal für welches Attribut sich Corporate Rockstars entscheiden: Ohne Profil geht es nicht.

Dir eine eigene Brand aufzubauen, hilft deinem Umfeld zu verstehen, was eine Zusammenarbeit mit dir bedeutet. Eine Brand bedeutet in erster Linie die Minimierung von Risiken für andere, da deine Vorgesetzten besser kalkulieren können, was sie zu erwarten haben.

Wie findest du nun heraus, wie deine eigene Personal Brand aussehen soll? Indem du herausfindest, was du am liebsten tust oder worin du am besten bist. Arbeite nicht nur an deinen Schwächen, sondern konzentriere dich vor allem auf deine Stärken. Keiner will oder braucht durchschnittliche Mitarbeiter. Und wenn du eine Sache besonders gut können wirst, dann wirst du gebraucht werden – von sehr vielen Menschen. Habe Mut, andere Dinge nicht gut zu können, denn du kannst dir immer Partner mit ins Boot holen, die deine außergewöhnliche Fähigkeit ergänzen werden.

Und bitte bedenke: Eine Brand aufzubauen, dauert Jahre, sie zu zerstören, eine Stunde. Die Nachrichten sind voll mit Geschichten von Unternehmern, die ihre Karriere selbst zerstört haben. Ethik-Professoren gehen fremd, Betriebsräte fälschen Spesenabrechnungen, Manager veruntreuen Gelder. Ehe man sich versieht, wird man mit Aussagen wie »Mehr Schein als Sein« oder »Halten sich nicht an das, was sie anderen predigen« betitelt. Da möchtest du sicherlich nicht hin.

Am leichtesten kannst du dir deine Personal Brand aufbauen, wenn du einen Vorgesetzten findest, der ebenfalls an deine Stärke glaubt. Manchmal nehmen Führungskräfte ein paar ihrer alten Mitarbeiter mit, wenn sie eine neue Stelle annehmen. Das liegt daran, weil aus der Führungskraft und ihren Mitarbeitern ein Dreamteam geworden ist, weil sie an die gleiche Sache glauben und einander aufgrund ihrer komplementären Skills beim Wachsen helfen. Darüber hinaus stehen sie für die gleichen Werte ein. Die Durchschnittsmitarbeiter denken sich: ›Ja, ja, alles nur Seilschaften – die holen sich gegenseitig aus dem gleichen Dunstkreis.‹ Corporate Rockstars denken sich: ›Läuft!‹

Du solltest jeden Tag dranbleiben, um stetig auf dein Personal-Brand-Konto einzuzahlen. Wenn du zum Beispiel dafür bekannt bist, schnell zu sein, und du kommst gelangweilt in einen Meetingraum: Punktabzug. Du kommst schnell in einen Meetingraum, beteiligst dich aber nicht, weil du zu langsam auf die Themen eingehst: Punktabzug. Und so weiter. Das bedeutet, dass Menschen bewusst oder unterbewusst genau darauf achten, was du leistest, was du sagst und wie du dich gibst. Sobald du dich abweichend verhältst, bekommen die anderen das Gefühl, dass etwas mit dir nicht stimmt: »Heute ist der Alex aber komisch drauf.« Das Unterbewusstsein registriert sofort, wenn sich jemand nicht kongruent verhält – wenn jemand nicht das tut, was er sonst immer tut.

Kongruenz ist also das Stichwort. Sobald du dich für eine Sache entschieden hast, mit der du in Verbindung gebracht werden möchtest, dann arbeite jeden Tag daran, dass du für diese Sache bekannt wirst. Werde der Beste auf diesem Gebiet – in deiner Abteilung oder, noch besser, im ganzen Unternehmen.

»MITNEHMEN«

- Es dauert Jahre, eine Personal Brand aufzubauen, und nur eine Stunde, sie zu zerstören.

- Finde einen starken Chef, der an die gleichen Werte und Stärken glaubt, wie du.

- Bleib kontinuierlich dran, deine Personal Brand aufzubauen. Jeder einzelne Tag zählt.

- Keiner will Durchschnitt. Positioniere dich, und bau deine Personal Brand aus.

»MITDENKEN«

Wer sind deine Vorbilder? Denk an alle Personen, die du magst und die dich begeistern. Liste alle Menschen auf, die einen positiven, bleibenden Eindruck bei dir hinterlassen.

_____   _____

_____   _____

_____   _____

_____   _____

_____   _____

_____   _____

_____   _____

Schreib neben jede Person ein Kriterium, weshalb du sie magst. (Zum Beispiel: Mein Großvater – immer fröhlich)

Schau dir die Kriterien an. Erkennst du Parallelen zu dir selbst? Welches sind die drei wichtigsten Kriterien für dich? Kreise sie ein.

#4 VERHALTEN

Schreibe nun auf, wie du in Bezug auf diese drei Kriterien von anderen wahrgenommen werden möchtest. Was sollen andere über dich sagen, sobald du nicht im Raum bist?

1. _____

2. _____

3. _____

Was möchtest du konkret ändern, damit dieser Wunsch Wirklichkeit wird?

_____

_____

_____

_____

_____

_____

SEI AUTHENTISCH, DU BIST KEIN SCHAUSPIELER

Schauspielerei frisst nur Energie, macht dich langfristig unglücklich und funktioniert nicht einmal.

Menschen sind authentisch, sobald sie bei sich angekommen sind, mit sich selbst im Reinen sind, sich akzeptieren, wie sie sind – mit all ihren Fehlern. Sie wissen, wer sie sind und was sie wollen. Corporate Rockstars reden und verhalten sich so, wie sie es für richtig halten – nicht, wie es gesellschaftlich der Norm entspricht oder wie die Zuhörer es gerne hätten.

Schau dich in deinem Umfeld um. Zu wem sagen andere: »Der ist echt eine coole Sau!« oder »Okay, der hat Eier!« Warum sagen Menschen so etwas über andere? Weil sie begeistert sind, dass jemand für etwas einsteht, woran er glaubt. Dass jemand den Mut hat, so zu sein, wie er ist – unabhängig aller Konsequenzen. Es ist sicherlich nicht einfach, so zu leben, allerdings braucht diese Welt solche Menschen. Diese Welt braucht Corporate Rockstars.

Authentisch kannst du nur sein, indem du deine eigenen Werte kennst und auf deren Basis, deine Ziele und Visionen verfolgst. Und dann ist es absolut unbedeutend, falls Kollegen oder Vorgesetzte an dir und deinen Ideen zweifeln. Manche machen das, um dich kleinzuhalten, damit sie sich selbst nicht so klein fühlen müssen. Wahrscheinlich steckt dahinter noch nicht mal eine böswillige Intention. Sie sind so erzogen worden und können wenig gegen ihre Erziehung und Prägung tun. Falls Mitarbeiter dich in deinen Fähigkeiten limitieren oder bei deiner Zielerreichung behindern: Sei gelassen, und hör weg.

#4 VERHALTEN

Wir Menschen spüren, wenn jemand nicht authentisch ist. Guten Schauspielern nehmen wir zwar einiges ab, häufig denken wir aber sogar bei ihnen: ›Na ja, das glaube ich jetzt nicht wirklich!‹

Miguel hatte mit genau diesem Thema zu kämpfen. Zu dieser Zeit war er jung, karrierebegeistert und bekam eine großartige Chance: Mit 26 Jahren wurde er Leiter Digital in einem globalen Konzern. Da saß er nun. Er hatte noch nie Mitarbeiter geführt, und jetzt das. Zum Glück fing sein Job relativ leicht an. Er bekam den Auftrag, seine Abteilung aufzubauen, und eine Mitarbeiterin zur Unterstützung. Die Gespräche mit der Geschäftsleitung und den Geschäftsbereichsleitern musste er alleine bewältigen. In seinem neuen, lichtdurchfluteten Managerbüro zerbrach er sich den Kopf darüber, wie er sich als Manager geben sollte – wie er reden sollte und wie er sich anziehen sollte.

Sein Blick schweifte durch den Raum und blieb auf dem Besprechungstisch hängen, auf dem ein *Manager Magazin* lag. Dort wähnte Miguel Antworten, schnappte es sich und blätterte es durch. Nun glaubte er zu wissen, wie er zu reden und wie er sich anzuziehen hatte. Es kam, wie es kommen musste. Nach ein paar Monaten begann Miguel an sich zu zweifeln, fühlte sich unwohl und stotterte ab und an. Lange Rede, kurzer Sinn: Er hatte eine Rolle eingenommen und war nicht mehr er selbst. Nach ein paar Coaching-Sessions verstand er, dass er seinen Job aufgrund seiner Leistungen und nicht aufgrund seiner Garderobe oder seines Sprachstils bekommen hatte.

Corporate Rockstars sind eine Stimme, kein Echo. Sie wissen, dass die Schauspielerei nur Energie frisst, unglücklich macht, lächerlich ist, sowieso entdeckt wird und nicht notwendig ist. Mahatma Gandhi sagte dazu: »Glück ist, wenn das, was du denkst, was du sagst und was du tust, im Einklang ist.«

Sehr oft wird die Authentizität auch negativ von dem Umfeld beeinflusst, in dem man sich befindet. Wie sehr darfst du in deinem Arbeitsumfeld sein, wie du nun mal bist? Diesbezüglich sollte man niemals die Verantwortung abgeben. Nimm es dir immer heraus, so zu sein, wie du bist. Falls das in deinem Umfeld auf Unverständnis trifft, dann solltest du dich fragen, ob dieses Umfeld das richtige für dich ist.

Manche Karrierebegeisterte, jung wie alt, glauben zudem, dass sie nur dann anerkannt werden, wenn sie viele Fremdwörter und extrem verschachtelte Sätze nutzen. Fakt ist: Wenn man sich zu kompliziert ausdrückt, verlieren die Menschen ihr Interesse – viel schneller, als du vielleicht glaubst. Du musst nicht mit kompliziertem Fachjargon um dich werfen. Experten zeichnen sich dadurch aus, dass sie komplexe Sachverhalte simpel erklären können. Einstein sagte dazu: »Wenn du es nicht einfach erklären kannst, hast du es nicht gut genug verstanden.«

Denn was passiert, sobald Menschen kompliziert reden? Nach 30 Sekunden hört ihnen keiner mehr zu, die Gesprächspartner fallen in eine kurze Trance und denken an ihren letzten Sommerurlaub, als sie zum Beispiel in einem provenzalischen Garten bei einem zu warmen Rotwein unter einem alten Olivenbaum saßen, während die Vögel zwitscherten.

Corporate Rockstars können und wollen es sich nicht leisten, unsicher zu wirken. Strahlst du allerdings Unsicherheit aus, wirst du wenig bis keine Unterstützung erfahren. Das ist auch verständlich: Würdest du einem nervösen und stark verunsicherten Finanzberater dein ganzes Geld anvertrauen?

Sei selbstbewusst, glaub an dich und deine Fähigkeiten, und suche nicht nach der Bestätigung anderer Menschen. Letzteres ist ein Zeichen von Schwäche. Sei dir bewusst, dass jeder, der etwas Großes erschafft, mit Kritik rechnen darf. Wie früher im Wilden

Westen: Die bösen Jungs wollten sich unbedingt mit dem schnellsten Schützen duellieren. Mach dich frei von dem Gedanken, perfekt sein zu müssen. Geh offen und selbstbewusst mit deinen Schwächen um, lach über sie, und sei einfach du selbst.

Reiße dich von deinen Idealvorstellungen los, und sei, wie du bist, trotz aller Konsequenzen. Dich gibt es nur als Gesamtpaket und darauf darfst du stolz sein.

»MITNEHMEN«

- Menschen spüren, wenn du authentisch bist.

- Schauspielerei kostet unnötig Energie.

- Du brauchst ein Umfeld, in dem du du selbst sein darfst.

- Sei eine Stimme, kein Echo.

- Rede simpel, nicht gekünstelt. Wer kompliziert redet, hat es selbst nicht verstanden oder versteckt sich.

»MITDENKEN«

Bei wem kannst du so sein, wie du bist?

_____

_____

Bei wem fühlst du dich unnatürlich und nimmst irgendeine Rolle ein?

_____

_____

Warum kannst du bei diesen Personen nicht du selbst sein?

_____

_____

_____

Bei welchen Menschen wärst du gerne, wie du bist? Welche Menschen, die dich ausbremsen, würdest du lieber meiden?

_____

_____

Wann startest du damit?

_____

_____

WAS SOLL'S? MACH ES EINFACH!

Wenn du weiterkommen willst,
musst du auf deine Fähigkeiten vertrauen,
einfach mal machen und
die Chancen nutzen, die sich dir bieten.

Im Laufe deiner Karriere wirst du regelmäßig mit Situationen konfrontiert, die neu für dich sind und in denen du nicht genau weißt, wie du handeln musst, um erfolgreich zu sein. Dies können eine neue Aufgabe, ein neues Projekt oder eine neue Rolle sein. Häufig kannst du bei solchen Herausforderungen nicht einmal auf die Hilfe von Kollegen zählen, da diese unter Umständen selbst keine Ahnung von der Materie haben. Du bist auf dich allein gestellt und musst selbstständig einen Weg zu einer Lösung finden – quasi eine Pionierleistung erbringen.

Ein gängiges Verhalten, um mit solchen Situationen umzugehen, ist, in eine Planungsparalyse zu verfallen und sich ausgiebig zu überlegen, wie die vorliegende Arbeit zu erledigen sei. Hierzu die Geschichte von Mehmed, der Projektleiter für Innovationsprojekte in einem der größten europäischen Technologieunternehmen war.

Er sollte für das Entscheidungsgremium ein Pitch-Deck erstellen, um die nächste Finanzierung zu erhalten. Mehmed hatte eine naturwissenschaftliche Ausbildung abgeschlossen und sein Leben lang nur in der Technologieforschung gearbeitet. Nachdem er von seiner neuen Aufgabe erfahren hatte, hat er zunächst versucht, ein Budget für einen Unternehmensberater zu erhalten. Als ihm dieses Budget verwehrt wurde, verbrachte er drei Tage damit, sorgfältig über die Wichtigkeit eines Pitch-Deck zu recherchieren. Er erstellte ein Schriftstück, in welchem er festhielt, weshalb ein Berater sinnvoll wäre, welche Berater infrage kommen würden und was diese konkret tun könnten, um ihm bei seiner Arbeit zu helfen. Dieses Schriftstück brachte er zu seinem Chef, der leicht genervt reagierte: »Plan doch nicht so viel, sondern mach einfach mal! Du musst in den Pool springen und losschwimmen. Keine Diskussion, bis morgen Mittag möchte ich ein Pitch-Deck sehen, sonst ist das Projekt tot!«

Mehmed hatte keine Wahl und fing an, basierend auf einer Vorlage, Schritt für Schritt ein Pitch-Deck zu bauen. Am nächsten Tag präsentierte er sein Ergebnis, bekam Feedback und hatte nach weniger als zwei Tagen und ohne großartige Planung eine passable Leistung abgeliefert. Für Mehmed war dies ein prägendes Erlebnis, da er am eigenen Leib erleben durfte, dass man manchmal einfach mal anfangen muss, anstatt immer nur zu planen und zu analysieren.

Du hast die Wahl: entweder eine Herausforderung annehmen und an ihr wachsen oder feige sein und sich vor ihr drücken oder ewig lang überlegen, warum etwas nicht möglich ist. Wenn sich eine Chance auftut, entscheide dich stets dafür, proaktiv ins kalte Wasser zu springen und die Herausforderung anzunehmen. Vertraue auf deine Fähigkeiten und Erfahrungen, und gehe unvoreingenommen an das neue Thema heran, ohne dich entmutigen zu lassen. Lerne und wachse an den Herausforderungen, und sei ein Abenteurer und Unternehmer.

Fordernde Situationen schaffen Chancen, um positiv aufzufallen, indem man ein gesundes Maß an Pragmatismus und Aktionismus an den Tag legt, sich der Herausforderung stellt, einfach mal macht und schlussendlich wider Erwarten einen Mehrwert schafft. Hierzu passt die Geschichte von Stefanie sehr gut.

Stefanie war eine junge und unerfahrene Mitarbeiterin, die mit der Aufgabe betraut wurde, eine komplexe und zugleich wirtschaftlich sehr wichtige Vertragsverhandlung vorzubereiten. Stefanie hatte wenig Berufserfahrung, wenig Kenntnis von der betreffenden Branche und keinerlei Erfahrung im Verhandeln von Großverträgen. Sie überlegte zunächst, was sie nun machen solle, da sie auf keine relevanten Erfahrungen zurückgreifen konnte. Sie versuchte, ihren Vorgesetzen davon zu überzeugen, einen erfahrenen Kollegen auf das Projekt anzusetzen, aber da dieser bereits anderweitig beschäftigt war, blieb ihr keine Wahl.

Stefanie ging unbedarft an die Situation heran und näherte sich dem Thema strategisch und strukturiert. Nach zahlreichen Gesprächen mit erfahrenen Kollegen, in denen sie viele Fragen stellte, ausgiebiger Recherche des Vertragspartners und etlichen Nachtschichten schlug sie ein Modell vor, welches vom Management zunächst als unmöglich umsetzbar abgelehnt wurde. Stefanie hatte sich während dieses Arbeitsprozesses zu einer Expertin auf dem Gebiet der Vertragsverhandlungen gemausert und war somit in der Lage, ihr Vorhaben überzeugend und mit Nachdruck zu erläutern. Das Management willigte ein, den Vorschlag zumindest in Betracht zu ziehen.

Das Endergebnis war, dass Stefanies Vertragskonzept Anklang beim Verhandlungspartner fand und sogar ökonomische Vorteile für ihren Arbeitgeber barg. Seit dieser Erfahrung nahm Stefanie jede Herausforderung an, mit der sie betraut wurde, denn sie hatte begonnen, in ihre Lernfähigkeiten zu vertrauen.

Ein ganz klares Merkmal von Corporate Rockstars ist, dass sie auch Herausforderungen annehmen, bei denen sie noch nicht wissen, wie sie diese meistern sollen. Sie schrecken nicht davor zurück, ihre Komfortzone zu verlassen und ins kalte Wasser zu springen. Dies ist eine Eigenschaft, die insbesondere in der heutigen, schnelllebigen Welt extrem wertvoll ist. Rockstars nehmen derart fordernde Herausforderungen an, weil sie davon getrieben sind, etwas Neues zu lernen und sich zu beweisen.

Ist dies der einfachste und bequemste Weg? Sicher nicht! Falls dir diese Vorgehensweise zu mühsam erscheint, solltest du dir darüber Gedanken machen, wie hungrig du wirklich bist und ob du nicht besser als Durchschnittsmitarbeiter aufgehoben wärst. Lerne, auf deine Fähigkeiten zu vertrauen, denn – wie bereits erwähnt – wenn du dir nicht vertraust, wer soll es dann tun? Du darfst nicht vor Arbeit zurückschrecken, und du solltest jede einzelne Herausforderung als Chance sehen, etwas Neues zu lernen. Dadurch wächst nicht nur dein Wissen, sondern nur so kannst du die wertvolle Fähigkeit entwickeln, neue Herausforderungen souverän zu meistern. Lernen durch Handeln!

Eine pragmatische Anpackmentalität ist eine Eigenschaft, die alle Rockstar gemeinsam haben und die sich nicht nur bei komplexen Herausforderungen, sondern insbesondere auch bei kleineren Herausforderungen positiv bemerkbar macht.

Schrecke in Zukunft nicht vor Aufgaben zurück, sondern nimm die Herausforderungen proaktiv an. Jeder schätz die Problemlöser im Unternehmen, die sich nicht zu schade sind, etwas Neues zu lernen, und die bereit sind, ein Risiko einzugehen. Sei ein Optimist, und behalte immer im Hinterkopf, dass du im schlimmsten Fall etwas dazugelernt hast. Aus eigener Erfahrung kann ich dir sagen, dass du nicht genug gewagt hast, wenn du nicht ab und an hinfällst und Fehler machst.

»MITNEHMEN«

- Du solltest Herausforderungen möglichst häufig annehmen und ins kalte Wasser springen, um Neues zu lernen.

- Planen ist gut, aber machen ist Trumpf.

- Habe keine Angst vor dem Unbekannten, traue dich, und fang einfach an.

- Vertraue auf deine Fähigkeiten und deine Willenskraft, um Herausforderungen zu meistern.

- Eine pragmatische, lösungsorientierte Anpackermentalität ist stets gefragt.

»MITDENKEN«

Das nächste Mal, wenn du die Chance bekommst, eine neue Stelle oder Aufgabe zu übernehmen, erstelle eine Pro-und-Contra-Liste: Welche Gründe sprechen gegen und welche für die Chance?

Pro   Contra

_____   _____

_____   _____

_____   _____

Warum überzeugen dich deine eigenen Pro-Argumente nicht? Mach's doch einfach!

#5 TAKTIKEN

Corporate Rockstars haben bestimmte Taktiken, Strategien, Routinen und Vorgehensweisen, um in einem Konzern große Ziele zu erreichen. Corporate Rockstars machen Fehler. Viele Fehler. Diese Fehler sind es allerdings, die es ihnen ermöglichen zu wachsen. Und das schnell. Wie genau diese Taktiken aussehen, erfährst du in diesem Kapitel.

Das erwartet dich konkret auf den nächsten Seiten:

1. Erledigt ist besser als perfekt
2. Alles auf einmal geht nicht
3. Lass uns träumen
4. Jede Entscheidung ist besser als keine
5. Fehler zu machen, ist okay
6. Geschwindigkeit ist die neue Währung

ERLEDIGT IST BESSER ALS PERFEKT

*Liefere lieber oft in
ausreichender Qualität als einmal
in perfekter Qualität.*

Die Welt dreht sich immer schneller. Und auch im Corporate gilt es, damit umzugehen, dass sich die Anforderungen, Märkte und Kundenwünsche zunehmend rasant ändern. Hieraus resultiert für Mitarbeiter, dass sie sich immer häufiger auf Neues einlassen und Aufgaben immer schneller erledigen müssen, um mithalten zu können. Dies erhöht generell die Taktung im Unternehmen.

Aber was bedeutet das für dich und deine Karriere?

Wenn du in diesen schnelllebigen Zeiten ein Rockstar sein möchtest, musst du dir bewusst machen, woran du und dein Erfolg gemessen werden. Für deinen Arbeitgeber resultiert dein Wert aus der Arbeit, die du während deiner Arbeitszeit erledigst. Selbstverständlich spielt nicht nur die Quantität eine Rolle, sondern auch die Qualität. Die Frage ist: Welche Qualität ist ausreichend? Es gibt viele Menschen, die den Anspruch haben, perfekte Arbeit abzuliefern. Das Resultat ist, dass diese Menschen nur sehr selten etwas abliefern. Als Perfektionist wirst du karrieretechnisch hinter einer Person stehen, die nur den Anspruch hat, ausreichende Qualität abzuliefern. Das Pareto-Prinzip besagt, dass der Aufwand immens ist, der betrieben werden muss, um ausreichende Qualität in herausragende Qualität zu verwandeln. In derselben Zeit könntest du vermutlich vier weitere Aufgaben erledigen.

Du musst dich davon verabschieden, perfekte Ergebnisse abliefern zu wollen. Du solltest dich auf deine gesamte Wertschöpfung fokussieren – langzeitlich. Mein Mentor hat mir immer wieder gesagt: Du musst dich darauf fokussieren, etwas fertigzustellen. Nur wenn du etwas fertiggestellt hast, erzeugst du einen Mehrwert für dein Unternehmen beziehungsweise deine Vorgesetzten. Dies bedeutet, dass du nur einen höheren Wert als andere kreieren kannst, indem du möglichst schnell fertige Arbeitsergebnisse erzeugst. Daher fokussiere dich stets darauf, möglichst schnell ausreichende Qualität abzuliefern, und vermeide es tunlichst, nach Perfektion zu streben. Die meistgeschätzten Mitarbeiter und Kollegen sind diejenigen, die kontinuierlich und schnell gute Arbeit abliefern. Ein Corporate Rockstar ist dafür bekannt, stets schnelle Ergebnisse zu liefern!

Indem du regelmäßig gute Arbeit ablieferst, wirst du mehr Aufmerksamkeit erhalten und mehr Vertrauen genießen. Du wirst häufiger involviert werden, wenn es gilt, neue Herausforderungen zu meistern und wichtige Aufgaben zu lösen. Dadurch wirst du vermutlich immer öfter in Situationen kommen, in denen du mit Arbeitsaufträgen konfrontiert sein wirst, welche für dich komplett neu sein werden.

In solchen Situationen empfehle ich, möglichst schnell und basierend auf deinem aktuellen Wissen eine mögliche Lösung zu skizzieren. Wie gesagt, die Lösung muss nicht perfekt sein. Es geht schlicht darum, die mögliche Lösung so zu skizzieren, dass sie konkret genug ist, um sie mit anderen Personen besprechen zu können.

Häufig ist es bereits ausreichend, das vorhandene Problem einmal klar zu definieren und hierauf basierend potenzielle Lösungsansätze grob zu skizzieren. Ein kleiner Karriere-Hack ist, das Arbeitsergebnis mit dem deutlichen Hinweis »Entwurf für die Diskussion« zu markieren. Mit solch einem konkreten Ergebnis kann man in den Dialog mit dem Chef, Kunden oder Kollegen ge-

»*Der Profi macht nur neue Fehler. Der Dummkopf wiederholt seine Fehler. Der Faule und der Feige machen keine Fehler.*«

OSCAR WILDE (1854 - 1900),
IRISCHER SCHRIFTSTELLER

hen und die Lösung testen und verbessern. Dies ist meist ein effizienter Weg, der dir ermöglicht, deine Idee sehr früh zu verifizieren und zu testen. Wenn du dir angewöhnst, solche Entwürfe bereits nach wenigen Stunden oder Tagen zu erzeugen und zu teilen, wirst du dafür extrem geschätzt werden.

Hierzu passt die Geschichte von Oliver, einem Mitarbeiter eines international führenden Maschinenbauunternehmens. Er ist im ganzen Unternehmen dafür bekannt, ein Macher zu sein, der stets abliefert. Um zu verdeutlichen, wie seine Arbeitsmoral aussieht, möchte ich über eine seiner Arbeitswochen erzählen. Im Rahmen einer konzernweiten Digitalisierungsinitiative war Oliver bei zahlreichen Gesprächen des Vorstands mit dabei. An einem Montagmorgen kam die Frage auf, wie man den Zugang zu jungen Unternehmen erlangen könne, um die neusten Trends und Technologien kennen zu lernen. Oliver meinte, dass man dies unter Umständen über einen Start-up-Akzelerator erreichen könne. Der Vorstand war interessiert an dieser Idee und meinte, dass es gut zu wissen wäre, welche Ressourcen hierfür notwendig wären.

Ohne zu zögern, setzte sich Oliver am Nachmittag desselben Tages an seinen Schreibtisch und überlegt, welche Hauptbestandteile ein Akzelerator-Programm haben muss und welcher Ressourcenaufwand nötig ist, um diese bereitzustellen. Mithilfe einer kurzen Internetrecherche verifizierte er seine Annahmen und sendete am Abend eine dreiseitige Präsentation – als Diskussionsgrundlage – an den Vorstand. Das Ergebnis war, dass sich eines der Vorstandsmitglieder am Dienstagabend mit Oliver zusammensetzte, um die Präsentation zu besprechen. Während dieses Gesprächs wurde thematisiert, an welchem Standort man ein solches Programm durchführen könne.

Am Mittwochmorgen nahm sich Oliver eine Stunde Zeit und recherchierte, in welchen drei europäischen Städten ähnliche Programme durchgeführt wurden, und analysierte diese skizzenhaft. Noch am selben Tag schickte er eine einseitige Präsentation an den Vorstand – erneut als Diskussionsgrundlage. Am Donnerstag wurde Oliver von einem der Vorstände angerufen und gefragt, wie schnell man solch ein Programm aufsetzen könne und wie ein solches Team aussehen müsse. Am Freitagmorgen schickte Oliver einen groben Projektplan an den Vorstand, in dem er beschrieb, welche Anforderungen und Kompetenzen man in welchem Umfang brauchen würde, um das Programm durchzuführen. Am Freitagabend wurde er von einem Vorstandsmitglied angerufen und gefragt, ob er sich vorstellen könne, dieses Programm für die Firma aufzubauen.

Diese Geschichte zeigt sehr eindrücklich, wie man einerseits innerhalb kürzester Zeit Arbeitsaufträge mit ausreichender Qualität abarbeiten kann, und andererseits welchen Effekt dies auf eine Karriere in einem Corporate haben kann. Das Schöne ist: Jeder kann wie Oliver handeln – auch du! Ich empfehle, dass du dir bei jeder neuen Aufgabe folgende Frage stellst: Wie würde ich diese Aufgabe lösen, wenn ich nur zwei Stunden Zeit hätte?

Wenn du dir solch eine Denkweise angewöhnst, wirst du dir ein Image als Macher aufbauen. Heutzutage brauchen wir Corporate Rockstars, die unternehmerisch handeln. Man wird immer häufiger mit neuen Herausforderungen konfrontiert, bei deren Bewältigung man nicht auf Erfahrungswerte bauen kann. In unserer schnelllebigen und globalisierten Zeiten braucht es Führungskräfte, die in der Lage sind, mit Ungewissheit umzugehen. Es braucht Führungskräfte, die eine agile Herangehensweise verinnerlicht haben. Agilität bedeutet in diesem Zusammenhang, dass Führungskräfte die Verantwortung übernehmen und machen, anstatt nach Entschuldigungen zu suchen und sich in Planung sowie Analyse zu verlieren. Es ist besser, regelmäßig unvollkommen abzuliefern und folglich zu korrigieren, als selten und perfekt abzuliefern. Die Fähigkeit, schnelle Ergebnisse liefern zu können, ist heute wertvoller denn je.

Daher solltest du dir als Corporate Rockstar angewöhnen, insbesondere in schwierige Situation schnelle Zwischenergebnisse zu erzeugen. Sie erlauben dir, zu experimentieren, viel zu testen und nachzubessern. Diese Arbeitsweise zeichnet einen Macher aus, der aktiv ist und lenkt. Klar wäre es einfacher, einfach abzuwarten, zu planen und sich immer wieder zu entschuldigen, weil sich nichts bewegt.

Aber du willst ja kein Durchschnittsmitarbeiter sein, sondern ein Rockstar. Daher übernimm Verantwortung, zeige Aktivität und erzeuge kontinuierlich Ergebnisse. Es stellt kein Problem dar, wenn du kontinuierlich nachbessern musst, denn so wird in der heutigen, schnelllebigen Zeit nun mal gearbeitet.

»MITNEHMEN«

- Du erzeugst nur dann einen Wert, wenn du Arbeit fertigstellst.

- Niemand braucht perfekte Ergebnisse, sondern lediglich ausreichend gute Ergebnisse.

- Je häufiger du ausreichend gute Arbeit ablieferst, desto mehr Aufmerksamkeit erhältst du.

- Wenn du regelmäßig schnell Ergebnisse ablieferst, wirst du schneller vorankommen.

- Je mehr Ergebnisse du erzeugst, desto schneller wirst du mehr Verantwortung erhalten.

»MITDENKEN«

Wenn du nur noch 20 Prozent der Zeit für dein aktuelles Projekt hättest: Was würdest du machen, was würdest du lassen?

Machen   Lassen

_____   _____

_____   _____

_____   _____

Was hindert dich daran, deine Aufgabe schneller zu erledigen?

_____

_____

_____

ALLES AUF EINMAL GEHT NICHT

*Es gibt mit Sicherheit mehr
Themen, die dich interessieren,
als du Zeit hast –
teil deine Energie gut ein!*

Im Laufe deines Berufslebens wirst du häufig in Situationen geraten, in denen du das Gefühl haben wirst, Recht bekommen zu wollen. Insbesondere in einem Corporate gibt es sehr viele Auseinandersetzungen, an denen du potenziell teilnehmen könntest. Das Spektrum an Themen, für die du kämpfen könntest, reicht von einer sprachlichen Definition, die dir nicht detailliert genug ist, bis hin zur Anfechtung einer Entscheidung des Topmanagements, welche sich auch auf deinen Arbeitsalltag auswirkt. Man könnte meinen, dass sich ein Rockstar jedem Diskurs stellen und immer für seine Meinung kämpfen sollte.

Genau das Gegenteil ist der Fall. Ein echter Rockstar hat genug Erfahrung und weiß genau abzuwägen, wann es sich zu kämpfen lohnt. Jeglicher Konflikt kostet Energie und birgt Risiken. Jeder von uns, ob Durchschnittsmitarbeiter oder Rockstar, hat nur ein begrenztes Level an Energie zur Verfügung, die aufgewendet werden kann. Insbesondere Rockstars haben ein sehr hohes Arbeitspensum und verbrauchen bereits in ihrem Grundarbeitsmodus sehr viel Energie.

Du kannst vielleicht für begrenzte Zeit deutlich mehr Energie aufwenden, als nachhaltig gesund für dich ist, aber die Karriere eines Rockstars ist nun mal kein Sprint, sondern ein Marathon über 20 bis 30 Jahre hinweg. Während deines Berufslebens werden immer wieder unerwartet Herausforderungen auftreten, welche es notwendig machen werden, zwei Gänge herunterzuschalten, um erneut beschleunigen zu können. Wann dies der Fall sein wird, kann keiner vorhersagen – und hierin liegt die Krux.

An dieser Stelle möchte ich erneut meinen Mentor zitieren, der mir nahegelegt hat, dass man nach Möglichkeit niemals zu 100 Prozent ausgelastet arbeiten sollte. Man sollte zu jeder Zeit in der Lage sein, plötzlich aufkommende Herausforderungen meistern zu können. Dies gelingt, indem man Energiereserven besitzt und diese nicht nach außen kommuniziert. Ein Rockstar muss ganz besonders aufpassen, denn er tendiert manchmal dazu, seine Kräfte zu überschätzen. Aufgrund seines großen Erfolgs hat er ein deutlich höheres Risikoprofil, in Corporate-Kämpfe verwickelt zu werden. Deshalb musst du dir ein heimliches Energiepolster halten, damit du zu jeder Zeit bereit bist, deine Energie zu erhöhen.

Woher weißt du, wann es sich lohnt, einen Konflikt einzugehen? Diese Frage ist schwer zu beantworten, denn sie ist sehr situationsabhängig, jedoch kann man gut beschreiben, welche Konflikte nicht lohnenswert sind. Von folgenden Auseinandersetzungen solltest du Abstand nehmen, wenn du ein Rockstar sein möchtest.

Die erste Art von Konflikten, die du immer vermeiden solltest, sind Themen, bei denen sich emotional etwas in dir regt – wenn du merkst, dass du impulsiv und unüberlegt eine Angriffsstellung einnimmst. Klassischerweise sind das Situationen, in denen du dich provoziert oder angegriffen fühlst, oder solche, in denen du glaubst, jemand anders korrigieren zu müssen. Wenn du nicht aufpasst, wirst du unversehens in einem kleinlichen Kampf landen und im besten Fall unnötig Energie verbrauchen.

Hierzu möchte ich die Geschichte von Andrea erzählen, einer sehr talentierten Mitarbeiterin der Marketingabteilung eines Glasherstellers. Auf der einen Seite wurde Andrea sehr für ihre Arbeit geschätzt, da sie selbst unter widrigsten Umständen exzellente Ergebnisse abgelieferte, aber auf der anderen Seite war sie oft viel zu impulsiv in ihrer Gesprächsführung. Sie hat sich auf jedes Thema gestürzt, mit dem sie konfrontiert wurde. Daher wurde sie von vielen als unreif wahrgenommen. Sie merkte selbst, dass sie einerseits extrem geschätzt wurde, aber andererseits in ihrer beruflichen Entwicklung nicht weiterkam.

Als Andrea ihren Chef im Rahmen eines Karriereentwicklungs-gesprächs um einen Ratschlag bat, um sich verbessern zu können, bekam sie ein ehrliches Feedback, das nicht nur ihr Berufs-leben verändern sollte. Ihr Chef meinte: »Du musst weniger impulsiv sein und dich nicht auf jedes Thema stürzen, wenn dir etwas nicht passt. Du wirst als sehr junior wahrgenommen, wenn du jedes Thema kommentierst. Hinzu kommt, dass du viel Ener-gie damit verlierst.« Ihr Chef gab ihr noch einen weiteren Tipp, wie man sich selbst helfen kann, ruhiger zu werden und nicht in jede Schlacht zu ziehen. Immer wenn du das Verlangen ver-spürst, ein Thema sofort kommentieren zu müssen, etwas zu kri-tisieren oder jemanden zu korrigieren, dann stell dir folgende drei Fragen:

1. Muss das, was ich sagen möchte, gesagt werden?
2. Muss das, was ich sagen möchte, jetzt gesagt werden?
3. Muss das, was ich sagen möchte, jetzt von mir gesagt werden?

Nur wenn du diese drei Fragen mit Ja beantwortet hast und du dir ganz sicher bist, dass es die richtige Entscheidung ist, solltest du in die Schlacht ziehen. Du wirst sehen, wie oft du einen Konflikt nach diesen drei Fragen ruhen lassen wirst, denn häufig ist es gar nicht so wichtig, recht zu behalten. Hinzu kommt, dass du viel mehr Energie für die wichtigen Themen übrighaben wirst. Randnotiz: Diese Angewohnheit wird dir ebenfalls in deinem Privatleben helfen.

Es gibt aber Kämpfe, bei denen die oben beschriebene innere Ruhe nicht hilft, weil sie derart präsent sind. In solchen Fällen solltest du dich an die Faustregel halten, jegliche Konflikte zu vermeiden, bei denen du nichts gewinnen kannst, was signifikant auf deine Ziele einzahlt. Vor allem im politischen Gewirr eines Corporate gibt es viele Kämpfe, die geführt werden, ohne dass es wirklich um etwas geht. Oft geht es nämlich nur um das eigene Ego und nicht um eine Sache an sich. Dennoch kosten solche Streitereien Unmengen an Energie und Zeit, und sie lenken dich von den Aufgaben ab, die dich wirklich weiterbringen. Du fragst dich vielleicht, wie du solche wertlosen Kämpfe erkennen kannst. Es gibt drei Kategorien:

1. Eine gefallene Entscheidung wiederholt infrage stellen und versuchen, sie mit viel Aufwand zu widerlegen.
2. Einer Aufgabe ausweichen, indem man die Sinnhaftigkeit infrage stellt, obwohl diese mit überschaubarem Aufwand erledigt werden könnte.
3. Um keine Entscheidung treffen zu müssen, erst mal auf die fehlende Grundlagenarbeit und Strategie verweisen.

Diese Arten der Kämpfe sind weit verbreitet und als Corporate Rockstar entziehe ich mich diesen Zeit- und Energiefressern mithilfe einfacher Methoden.

1. Akzeptiere eine gefallene Entscheidung, auch wenn sie dir nicht gefällt, und mache das Beste daraus. Setze die

Entscheidung nach bestem Gewissen um, und diskutiere sie erst, wenn du Fakten gesammelt hast, die gegen diese Entscheidung sprechen.

2. Erledige die Aufgabe, auch wenn sie eigentlich jemand anders machen sollte, ganz nach dem Motto: Weniger reden, mehr tun. Oft geht es schneller, die Aufgabe einfach zu erledigen, als stundenlange Diskussionen zu führen.

3. Schrecke nicht davor zurück, Entscheidungen auf einer Wissensbasis zu treffen, die nicht optimal ist. Versuch, alle vorhandenen Informationen zu sammeln, und triff eine Entscheidung. Das ist immer noch besser, als gar keine Entscheidung zu treffen.

Es gibt aber auch Kämpfe, die man führen möchte. Als Rockstar wirst du nämlich nur vorankommen, wenn du regelmäßig Kämpfe führst und diese auch gewinnst. Bevor du dich in solch einen Kampf begibst, solltest du dir allerdings diese zwei Fragen stellen:

1. Bin ich mir sicher, dass ich den Kampf gewinnen kann?
2. Ist der Gewinn groß genug, sodass sich das Risiko lohnt?

Wenn du beide Fragen mit Ja beantworten kannst, dann solltest du deine ganze Energie in den anliegenden Kampf stecken und tunlichst vermeiden, mehr als einen Kampf auf einmal zu führen. Umso erfolgreicher du bist, desto schwerer fällt der zweite Punkt ins Gewicht. Denn je mehr du erreicht hast, desto mehr kannst du verlieren. Dies erklärt auch, warum du während deiner beruflichen Anfänge vermutlich eher zu kämpfen bereit warst und mit der Zeit und mit dem Erfolg besonnener wurdest – falls du schon so weit bist.

Die beschriebenen Verhaltensweisen kann man bei sehr erfahrenen und erfolgreichen Corporate Managern auf der Vorstandsebene beobachten. Sie entscheiden sich ganz bewusst, wann sie wirklich in einen Kampf ziehen wollen, entschließen sich aber nur selten dazu, obwohl sie viel Macht besitzen. Dies sollte man immer im Kopf behalten!

»MITNEHMEN«

- Du musst deine Kämpfe weise wählen, da jeder Mensch nur ein begrenztes Maß an Energie zur Verfügung hat.

- Arbeite möglichst nie an deinem Energielimit, da jederzeit unerwartete Herausforderungen auftauchen können, welche zusätzlich Energie zehren.

- Bevor du jemanden kritisierst, etwas kommentierst oder jemanden korrigierst, frage dich, ob dies im aktuellen Moment wirklich von dir gesagt werden muss.

- Vermeide diejenigen Kämpfe, die dich nicht näher an deine Ziele bringen.

- Ziehe nur in Kämpfe, von denen du weißt, dass du sie auch gewinnen kannst.

»MITDENKEN«

Schreibe deine aktuellen Top-10-Kämpfe auf, die dir deine Energie rauben.

1. _____ ☐
2. _____ ☐
3. _____ ☐
4. _____ ☐
5. _____ ☐
6. _____ ☐
7. _____ ☐
8. _____ ☐
9. _____ ☐
10. _____ ☐

Bewerte jetzt diese Top 10 danach, inwiefern sie auf einer Skala von 1 bis 10 auf deine Karriere- beziehungsweise Projektziele einzahlen.

Überlege dir, welche Kämpfe dir unnötig Energie rauben. Ignorier sie in Zukunft einfach!

LASS UNS TRÄUMEN

*Gestalte das Ziel greifbar,
und hilf deinem Team,
daran zu glauben.*

Die meisten Projektziele sind vor allem eins: rational. Und damit leider oft auch ziemlich emotionslos. Da geht es beispielsweise nur um den Rollout einer neuen Software oder eine Umsatzsteigerung von 10 Prozent – Ziele, die nicht wirklich Endorphine freisetzen, wenn wir ehrlich sind. Es geht nicht darum, die Ziele an sich zu hinterfragen. Es stellt sich vielmehr die Frage, wie du als Corporate Rockstar eine kraftvolle Teamenergie freisetzen kannst, mit deren Hilfe die Zielerreichung zu einem Kinderspiel wird. Um es mit den Worten von Antoine de Saint-Exupéry zu sagen: »Wenn du ein Schiff bauen willst, dann trommle nicht Männer zusammen, um Holz zu beschaffen, Aufgaben zu vergeben und die Arbeit einzuteilen, sondern lehre die Männer die Sehnsucht nach dem weiten, endlosen Meer.« Genau das ist die gedankliche Zielsimulation, um die es geht.

Zwecks Umsetzung kannst du dich gut erprobter Visualisierungstechniken bedienen, die in Bereichen der Höchstleistung eingesetzt werden; zum Beispiel im Spitzensport, in der Notfallmedizin, bei Anti-Terror-Einheiten der Polizei oder in der Raumfahrt. Diese Techniken sind Teil des Mental-Coachings, bei dem Coachees unter Anleitung eines Mental-Coaches eine zukünftige Situation in Gedanken »vorerleben«. Das tun sie derart intensiv, dass sie das Gefühl bekommen, die Situation wäre real. Man kann sich das als einen mentalen Film vorstellen, welcher das zukünftige Geschehen in all seinen Facetten zeigt und das Ziel beziehungsweise eine gewünschte Verhaltensweise vorwegnimmt.

Das Resultat ist, dass der Verstand diese Situation als bereits erlebt abspeichert und es dem Unterbewusstsein folglich leichter fällt, ein Wiedererleben zu ermöglichen. Fühlte sich das Ziel also vor der Simulation vielleicht noch unerreichbar an, so erscheint es nach dem mentalen Erleben als machbar. Und da das Erreichen von Zielen mit vielen positiven Emotionen verbunden wird, ist man aufgrund der Visualisierung zudem hochmotiviert, alles dafür zu tun, um erneut in diesen Glückszustand zu kommen, der schon in Gedanken wunderschön war.

Wie erwähnt, werden diese Mentaltechniken in diversen Bereichen angewendet, in denen außerordentliche Ergebnisse erzielt werden müssen. Die US-Raumfahrtorganisation NASA beispielsweise arbeitet schon seit Jahrzehnten erfolgreich mit Mental-Coaching-Techniken für Astronauten. Da die Raumfahrt extrem teuer und gefährlich ist, erlaubt die Visualisierung den Astronauten, wesentliche Entscheidungssituationen zu durchleben, bevor es »ums Ganze geht«. So bereiten sich die Crews nicht nur auf den außerordentlichen Alltag im All vor, sondern durchleben auch die vielen kritischen Entscheidungssituationen möglichst detailliert, bis es schließlich heißt: »We have a lift-off.« Noch verbreiteter sind diese Techniken im Spitzensport, in dem ein großer Teil der Topathleten von Mental-Coaches begleitet wird: Schwimmer, Läufer, Hochspringer, Kugelstoßer, Gewichtheber und so weiter.

Auch im Mannschaftssport wird visualisiert, zum Beispiel in der deutschen Fußball-Bundesliga oder der amerikanischen NFL – auch dort wird auf die Unterstützung durch mentale Coaching-Techniken gesetzt. Oft handelt es sich um studierte Sportpsychologen, die mentale Simulationen von Bewegungsabläufen der

Spitzensportler erstellen. Nehmen wir einen Basketballer als Beispiel, der mental und in Zeitlupe immer wieder durchgeht, wie er mit dem Ball in der Hand hochspringt, was er dabei links und rechts sieht und wie er den Ball dann über dem Korb mit den Fingerspitzen leicht nach unten drückt. Jedes winzige Detail eines solchen Dunks wird in Gedanken und abseits des realen Spielfelds durchgespielt.

Genauso können solche Zielsimulationen ein sehr hilfreicher Treibstoff auf dem Weg zu großen Zielen in Corporates sein und die Erfolgswahrscheinlichkeit signifikant erhöhen. Gleichzeitig sind sie kein Zaubermittel, denn wenn du eine gedankliche Zielsimulation überstrapazierst, verliert sie an Kraft. Genauso könnte man einwenden: »Wenn das wirklich funktioniert und alle damit arbeiten, müssten dann nicht alle am Ende Sieger sein?« Das sind sie jedoch bekanntlich nicht und selbst eine Marathonläuferin, die ihr Zielfoto hunderte Male gedanklich simuliert hat, kann am Wettkampftag kurz vor dem Ziel überholt werden. Warum ist das so? Weil sich Erfolg nicht zu 100 Prozent planen lässt. Sportler haben schlechte Tage, Raketenstarts werden wegen schlechten Wetters verschoben, SEK-Einsätze gehen schief. Das ist nun mal so. Und dennoch: Auch wenn es keine Erfolgsgarantie geben kann, sind gedankliche Zielsimulationen sehr hilfreich, um Menschen für Ziele zu motivieren.

Du hast nichts zu verlieren. Starte mit der gedanklichen Zielsimulation erst in deinem Kopf, lass deinen Erfolgsfilm immer wieder ablaufen, und teile ihn dann mit deinem Team, um diese Energie kollektiv zu nutzen und so dein großes Ziel zu erreichen.

»MITNEHMEN«

- Die meisten Projektziele sind zu rational und emotionslos.

- Da, wo heute absolute Höchstleistungen erbracht werden, kommen gedankliche Zielsimulationen zum Einsatz.

- Am verbreitetsten ist die gedankliche Zielsimulation im Spitzensport. Auch Corporate Rockstars nutzen diese Technik für ihre Projektziele.

- Die Technik der Visualisierung erhöht die Erfolgswahrscheinlichkeit signifikant.

»MITDENKEN«

Was ist das eine Projektziel, das du erreichen willst?

_____

_____

Wie sieht der perfekte Moment kurz nach Zielerreichung aus? Wo feiert ihr? Wer ist alles dabei? Was macht ihr konkret?

_____

_____

_____

_____

Sammle viel Material von dem, was du dir vorstellst. Zum Beispiel von der perfekten Location. Dann suche Bilder/Videos davon, geh direkt hin, und schau es dir live an. Sammle so viel Material, wie nur möglich.

Dreh deinen mentalen Film vor deinem inneren Auge. Wie ist der Moment vor, während und nach der Zielerreichung? Lass dabei alle Sinne einfließen: Was siehst du, hörst du, fühlst du, riechst du, schmeckst du? Schau dir den Film aus deinem Blickwinkel an.

_____

_____

_____

_____

_____

Lass den Film immer wieder in deinem Kopf ablaufen.

Erzähle deinen vertrautesten Personen, wie die Zielerreichung für dich aussieht.

Erzähle deinem Team von deinem Film.

JEDE ENTSCHEIDUNG IST BESSER ALS KEINE

Wer nicht entscheidet,
für den wird entschieden –
oftmals gegen ihn.

»Die kommt einfach nicht in die Pötte«, beschwert sich Vanessa bei einem Kollegen. »Sie kommt einfach nicht aus dem Quark. Und so langsam bin ich am Überlegen, ob ich das Projekt überhaupt noch will.« Vanessa ist frustriert, denn sie und ihre Vorgesetzte Julie diskutieren nun schon seit mehreren Monaten, ob sie Indonesien als Markt erschließen sollen oder nicht. Eigentlich ist alles klar – warum genehmigt die Chefin das Projekt also nicht einfach?

Vanessa ist strategische Projektleiterin bei einem Automobilzulieferer und zuständig für die Erschließung neuer Märkte. Das tut sie in Zusammenarbeit mit diversen anderen Konzerneinheiten, dem Business und den regionalen Kollegen. Allerdings läuft es nicht rund, und so ist das schon, seit Julie das letzte Wort bei der Erschließung neuer Märkte hat. Vor ziemlich genau neun Monaten hatte Julie gefragt, ob Vanessa eine Entscheidungshilfe für die zukünftig geplanten neuen Märkte vorlegen könne. Genau das hat Vanessa dann auch getan, und zwar in Form von Pro- und Kontra-Argumenten – detailliert und gleichzeitig leicht verständlich. Dem Business ist auch nicht entgangen, dass mittlerweile alle Informationen vorhanden sind. Aber da keine Entscheidung getroffen wurde, läuft der Automobilzulieferer nun Gefahr, einen wichtigen Wettbewerbsvorteil zu verlieren. Und deshalb fühlt sich Vanessa miserabel. Sie weiß, dass Indonesien das richtige Land ist, um es schnellstmöglich zu erschließen. Warum lässt Julie sie nicht einfach machen?

Diese Geschichte ist wieder einmal aus dem echten Leben gegriffen und hat leider kein Happy End. Julie muss ihren Hut nehmen und gehen – wegen ihrer Aufschieberitis, des Nicht-Entscheidens und vor sich Herschiebens, fachmännischer ausgedrückt; wegen des Prokrastinierens. Wie viele ähnliche Situationen konntest du schon in deiner Karriere beobachten, und wie oft hast du dich gefragt: Warum geht es nicht weiter? Was hindert sie daran, loszulegen?

In den meisten Fällen ist es die Angst, etwas falsch zu machen, die wir beobachten. Es ist die Angst vor Konsequenzen, wie bereits im zweiten Kapitel dieses Buches thematisiert wurde. Die meisten Mitarbeiter und Manager wollen lieber »play safe« als »all-in« gehen.

Angenommen, du bist CEO und hast zwei Mitarbeiter – beide haben einen Auftrag von dir erhalten.

- Mitarbeiter Nr. 1 hängt sich voll rein in die Arbeit, analysiert, kommt mit Lösungen an, übernimmt die Verantwortung, macht Fehler, lernt aus ihnen und kommt mit besseren Lösungen zurück.
- Mitarbeiter Nr. 2 hängt sich ebenfalls voll rein in die Arbeit, analysiert und analysiert, bespricht sich mit sehr vielen Kollegen, kommt allerdings zu keiner Lösung oder Entscheidung. Stattdessen analysiert er weiter. Ohne Ergebnis.

Angenommen, das sind deine Mitarbeiter und sie wiederholen dieses Verhalten immer und immer wieder. Welchen würdest du weiterbeschäftigen? Julie ist wie Mitarbeiter Nr. 2, und es fällt ihr schwer, zu entscheiden. Und deshalb tut es jemand anders für sie, beziehungsweise gegen sie. Corporate Rockstars verlieren sich nicht in der Analysis paralysis. Sie wissen, dass es keinen perfekten Plan braucht, um voranzukommen.

Aber warum sind so wenige Mitarbeiter mutig und entscheidungsfreudig? Entscheiden ist nur dann leicht, wenn eine Option eindeutig besser als andere ist. Entscheiden kann schwer sein, wenn mehrere Optionen gleich gut oder gleich schlecht aussehen. Ist es also nur die Angst davor, etwas Falsches zu tun? Das ist sicherlich ein Grund, jedoch nicht der einzige. Ein weiterer Grund ist, dass den Aufschieberitis-Mitarbeitern das Ziel ihrer aktuellen Unternehmung nicht klar ist.

Viele Menschen sind nicht dafür gemacht, Entscheidungen zu treffen – sie wollen es nicht, oder sie lassen sich von der Unsicherheit hemmen, die mit einer Entscheidung nun mal einhergeht. Jedoch lässt sich diese Unsicherheit minimieren, indem man alles dafür tut, um Klarheit zu erlangen, welche der vorliegenden Optionen die beste ist. Wenn diese Klarheit fehlt, entsteht Aufschieberitis. Klarheit kann aber nur erlangt werden, wenn das Ziel beziehungsweise die Vision eindeutig definiert wurde.

Solltest du für jemanden arbeiten, der all diese Aspekte nicht leistet, sprich Schwierigkeiten hat, zu entscheiden, dann bist du als Corporate Rockstar gefragt. Wenn dein Chef offen für »vorgefertigte Entscheidungen« ist, dann ist alles klar: Du führst von unten, subtil, helfend. Wenn du einen Chef hast, der nicht offen für »vorgefertigte Entscheidungen« ist, dann hast du zwei Möglichkeiten: Finde dich damit ab, oder finde eine neue Stelle.

Denn Entscheidungen aufzuschieben, ist auch eine Entscheidung, und zwar die Entscheidung, nichts zu tun. Wenn allerdings Geschwindigkeit die Währung eines Konzerns ist, dann wird Aufschieberitis mittelfristig zum Problem. Die zentrale Frage ist somit: Wie entscheiden Corporate Rockstars, und wie helfen sie anderen, besser zu entscheiden? Das unterscheidet sich von Unternehmenskultur zu Unternehmenskultur, allerdings gibt es ein paar einfache, konkrete Leitlinien, die bei Entscheidungsfindungen helfen. Sobald Corporate Rockstars vor Entscheidungen stehen, gehen sie folgendermaßen vor:

1. Ziel: Vergegenwärtigen des Ziels. (Warum wollen wir das Ziel erreichen? Was erhoffen wir uns davon?)
2. Status quo: In welcher Ausgangssituation befinde ich mich gerade?
3. Weg: Wie komme ich vom Status quo zum Ziel? Erstes eigenes Brainstorming und Recherchieren der möglichen Optionen.
4. Feedback: Hol dir Feedback vom Team. Mach das Ziel noch mal allen klar. Teile auch deine Einschätzung des Status quo. Dann frage nach den Optionen, wie man vom Status quo zum Ziel kommen kann.
5. Bewerten: Auf Basis der Punkte 3 und 4 fängst du an, die Optionen zu vergleichen und anschließend zu bewerten. Das funktioniert sehr gut mit einer Nutzwertanalyse.
6. Entscheiden: Entscheide dich für die Option, die dir am vorteilhaftesten erscheint.
7. Kommunizieren: Kommuniziere deine Entscheidung adäquat innerhalb der Organisation.

Und was passiert, wenn sich im Nachhinein herausstellt, dass es die falsche Entscheidung war? Dann ist das eben so! Du wirst ganz sicher keine drakonischen Strafen deshalb empfangen müssen. Und hungern wird deine Familie deshalb bestimmt auch nicht. Sei dir bewusst: Du hast die beste Entscheidung getroffen, die du mit deinem aktuellen Informationsstand fällen konntest. Geschwindigkeit ist die Währung eines Konzerns, und das Aufschieben von Entscheidungen schmeißt dich immer zurück – nie nach vorne.

»MITNEHMEN«

- Corporate Rockstars verlieren sich nicht in der Paralysis analysis und sie brauchen auch keinen perfekten Plan. Sie analysieren schnell und agieren schnell.

- Falls du dich nicht entscheiden kannst, dann frag dich: Hast du überhaupt das Ziel verstanden? Ist es klar genug?

- Entscheidungen aufzuschieben, ist auch eine Entscheidung. Mit der Konsequenz, dass das Problem größer wird.

- Entscheiden ist leicht, wenn man sich zwischen sehr unterschiedlichen Optionen entscheiden soll. Schwierig wird es, sobald alle Optionen ähnlich gut oder ähnlich schlecht sind.

- Habe keine Angst vor Konsequenzen. Frag dich: Was ist das Schlimmste, was passieren kann? Musst du mit drakonischen Strafen rechnen? Wird deine Familie hungern müssen? Oft dramatisieren wir, was passieren könnte. Corporate Rockstars lassen das nicht zu.

»MITDENKEN«

Welche Themen dümpeln so vor sich hin und lassen die Beteiligten in der Luft hängen?

_____

_____

Was ist der Grund für die Entscheidungsschwäche?

_____

_____

Was wäre, wenn du die Entscheidung einfach triffst?

_____

_____

Wenn das nicht geht: Was wäre, wenn du eine Entscheidungsvorlage erstellst mit deiner klaren Handlungsempfehlung?

_____

_____

Was wäre, wenn du diese Entscheidungsvorlage der Person überreichst, die entscheiden müsste?

_____

_____

FEHLER ZU MACHEN, IST OKAY

*Fehler nicht zu korrigieren,
ist nicht okay.*

Einst ging ein junger Reporter zu einem Wissenschaftler. Der Wissenschaftler war dafür bekannt, dass er nichts auf die Reihe bekam. Seit Jahren schon tüftelte er an irgendwelchen Themen – ohne Erfolg. Nach intensiver Recherche fand der Reporter heraus, dass der Wissenschaftler schon über 10 000 Fehlversuche hinter sich und immer noch nichts erfunden hatte. Als der Reporter den Wissenschaftler fragte, weshalb er nicht aufgab, obwohl er schon 10 000 Mal gescheitert war, blickte der Wissenschaftler müde über seine Nickelbrille und sagte mit ruhiger Stimme: »Mein Lieber, du verstehst es nicht. Ich bin nicht gescheitert, ich habe nur 10 000 Wege entdeckt, die nicht funktionieren. Das bringt mich 10 000 Mal näher an die Lösung.« Und die Lösung dieses speziellen Wissenschaftlers sollte die Welt verändern, denn es handelte sich um Thomas Edison, der die Glühlampe erfand.

Heutzutage verwenden Unternehmen gerne Begriffe wie »Fehlerkultur«, »Fuck-up-Nights«, »failure culture«. Fehler sind keine Fehler, sondern Lernerfahrungen. Das Spannende dabei ist, dass der Begriff *failure culture* eigentlich als Kultur des »Scheiterns« übersetzt werden sollte und nicht als »Fehler«-Kultur (= *mistake*) – wie es gerne getan wird. Das ist zwar nur ein kleiner, allerdings ein wesentlicher Unterschied. Das Scheitern ist schwerwiegender, als einen Fehler zu machen. Denn Fehler zu machen, gehört zum Leben dazu, das Scheitern nicht zwingenderweise.

Corporate Rockstars wissen, dass es kein Akt der Schwäche ist, Fehler oder das Scheitern zuzugeben. Ganz im Gegenteil, es ist ein Akt der Stärke und zeugt von Größe. Schwach ist man nur dann, wenn man nicht handelt und Angst davor hat, Fehler zu begehen. Elbert Hubbard, ein amerikanischer Schriftsteller, sagt hierzu: »Der größte Fehler des Lebens besteht darin, ständig Angst zu haben, einen zu machen«. Das wirft die Frage auf, weshalb sich so viele nicht trauen, Fehler zuzugeben. Der Grund ist häufig die Scham vor den Gedanken und Beurteilungen der anderen.

Wenn du erfolgreich sein möchtest, dann geht das nur, wenn du Fehler machst und diese dann korrigierst. An Fehlern zu wachsen und von ihnen zu lernen, sie offen zuzugeben und für sich selbst zu dokumentieren – das ist der Weg zum Erfolg. Viele sehen oft nur die Resultate von erfolgreichen Menschen, aber nicht, wie sich ihre Wege dorthin gestalten. Erfolgreiche Menschen liegen häufig mit ihrem Gesicht im Dreck und haben hunderte Fehlversuche hinter sich. Es sind aber auch diese Menschen, die wie ein Stehaufmännchen wieder aufstehen und nach neuen Wegen suchen, die zu ihrem Ziel führen.

José ist ein hochmotivierter Projektleiter. Er will etwas bewegen, und er glaubt an sein Unternehmen. Das spüren auch alle um ihn herum. José arbeitet bei einem namhaften Pharmahersteller, und sein Traum war seit jeher, in der Fertility-Sparte zu arbeiten. Für ihn gibt es keinen besseren Job, denn dort wird Paaren geholfen, Eltern zu werden. Dass José stets an den Purpose seines Unternehmens glaubte, das war seit seiner Einstellung nicht zu übersehen. Sein Chef allerdings mag José nicht besonders, weil er ihm einfach zu stürmisch ist. Es passierte regelmäßig, dass José Projekte schludrig abbrach, was einmal sogar zu einem sechsstelligen finanziellen Schaden führte. Das Business war alles andere als »amused« darüber, und der Chef will nicht noch einmal durch Meetings gehen, bei denen er José beschützen muss.

Es ist Montagmorgen und die Sonne scheint während José zur Arbeit fährt. Als er am Firmenparkplatz ankommt, klingelt sein Handy. José überlegt, ob er abnehmen soll oder nicht, denn diese Nummer kennt er nicht. Er denkt sich: ›Was soll's?‹, und nimmt den Anruf entgegen. »Hallo, Herr Ribeiro, sind Sie es?« José bejaht etwas zögernd. Die Person am Telefon fährt fort: »Hier ist Dale, der CEO.« Überrascht stammelt José »Guten Morgen« ins Telefon, während er versucht, seine Atmung in den Griff zu bekommen. Dale ist der CEO der Fertility-Einheit: »Wenn Sie es einrichten können, kommen Sie doch bitte um 11 Uhr in mein Büro. Ich habe zwei konkrete Fragen zum Sunrise Project, das Sie leiten.« Nach dem Gespräch atmet José erstmal durch – sein Herz schlägt schnell. Er fragt sich, ob er etwas falsch gemacht hat. Warum ruft der CEO mich an? Er steigt aus seinem Wagen, geht ins Büro und bereitet sich auf den Termin mit dem CEO vor.

Es ist eine Minute vor 11 Uhr und José steht vor dem Büro des CEO – seine Hände schwitzen, seine Atmung ist flach. Ein leises, zaghaftes Klopfen an der Tür. Ein lautes »Herein«. Nun steht José im großen, lichtdurchfluteten Büro von Dale. Der CEO kommt schnell zum Punkt: »Wieso arbeiten Sie noch hier?« José weiß nicht, wie er die Frage verstehen solle. Ist das überhaupt eine Frage oder eher eine Aussage? Er antwortet verunsichert: »Weil ich meinen Job liebe und an den Unternehmenszweck glaube.« Der CEO fährt fort: »Und genau das spüre ich auch.« José fällt ein Stein vom Herzen, und seine Atmung wird wieder gleichmäßiger. »Ich möchte gerne, dass Sie für mich arbeiten. Ich habe mitbekommen, welche Entscheidung Sie im letzten Projekt getroffen haben und welcher Schaden daraus entstanden ist. Darüber spricht heute immer noch jeder. Worüber allerdings keiner spricht ist, dass wir dank Ihrer nachträglichen Anpassungen die verlorene Summe nicht nur wieder reingeholt haben, sondern mittlerweile auch zweistellige Wachstumsraten vorweisen können. Worüber auch nicht gesprochen wird, ist, wie Sie mit diesem Scheitern umgegangen sind: offen. Sie haben nicht gejammert. Sie haben nicht andere beschuldigt. Sie haben nach Lösungen gesucht. Und ich suche jemanden wie Sie. Möchten Sie mein CEO-Büro leiten?«

Diese Geschichte habe ich ein bisschen abgewandelt, aber die Kernbegebenheit hat sich tatsächlich so zugetragen. Der größte Fehler ist nicht, Fehler zu machen, sondern diese nicht zu korrigieren und nicht von ihnen zu lernen. Fehler sind das beste Training, das sich ein Rockstar wünschen kann. Schreib es dir dick und fett hinter die Ohren: Fehler zu machen, ist menschlich. Sich Fehler nicht einzugestehen, ist feige. Corporate Rockstars geben Fehler zu, stehen zu ihnen und sagen: »Wieder was gelernt.« Dann stehen sie auf, klopfen sich den Staub vom Pullunder und machen weiter. Rockstars suchen keinen Schuldigen, und sie schweigen Fehler nicht tot. Sie erfinden auch keine Heldenstorys, warum die Zielerreichung nicht möglich war. Corporate Rockstars lachen über sich selbst, korrigieren und dokumentieren ihre Fehler, verbuchen sie unter der Kategorie »Learnings« und wachsen dadurch.

»MITNEHMEN«

- Fehler oder Scheitern zuzugeben, ist kein Akt der Schwäche. Es ist ein Akt der Stärke.

- Deine Lernkurve steigt, sobald du Fehler machst. Also verdopple deine Fehlerrate. Es gibt kein besseres Training.

- Wenn du erfolgreich sein möchtest, geht das nur, indem du Fehler machst.

- Corporate Rockstars lachen über sich selbst, korrigieren und dokumentieren ihre Fehler, verbuchen sie unter der Kategorie »Learnings« und wachsen dadurch.

»MITDENKEN«

Wie geht dein Unternehmen mit Fehlern um?

_____

_____

_____

Erinnerst du dich an eine Situation, in der sich ein Fehler im Nachhinein als absoluter Glücksfall entpuppt hat?

_____

_____

_____

CORPORATE ROCKSTAR

Was wäre, wenn du in deinem Bereich eine Kultur etablierst,
in der Fehler zu machen, absolut erwünscht ist?

_____

_____

_____

_____

_____

Was wäre, wenn du befreundete Kollegen darum bittest,
in ihren eigenen Bereichen eine solche Kultur aufzubauen?

_____

_____

_____

_____

_____

GESCHWINDIGKEIT IST DIE NEUE WÄHRUNG

*Nicht die größten,
sondern die schnellsten Firmen
werden gewinnen.*

Lange Zeit galten Corporates aufgrund ihrer Marktmacht als unverletzbar. Wie man beeindruckend beobachten kann, gilt diese Regel nicht mehr. Fast jedes Corporate wird von neuen Marktspielern herausgefordert und muss sich im Wettbewerb beweisen. In diesem Wettbewerb ist der Faktor Zeit einer der wichtigsten Faktoren. Junge Unternehmen haben den Vorteil, dass sie schneller agieren können. Dies ist vor allem deshalb der Fall, weil es sich um kleinere und »wendigere« Organisationen handelt, die einfacher zu lenken sind.

Aufgrund des steigenden Drucks sind auch Corporates bemüht, schneller und agiler zu werden. Diesbezüglich nehmen sich Corporates gerne erfolgreiche Start-ups zum Vorbild, die in Rekordzeit Produkte entwickeln, Organisationen bauen und Märkte erobern. Aus diesem Grund entsteht in Corporates aktuell ein Hype um Mitarbeiter, die Erfahrungen in einem Start-up gesammelt haben, und ein noch größerer Hype um Personen, die erfolgreich gegründet haben. Die Corporates wollen schneller werden, um gegen Start-ups gewinnen zu können. Als Rockstar solltest du deinem Unternehmen dabei helfen, genauso schnell und erfolgreich wie ein Start-up zu werden. Die Geschwindigkeit eines Start-ups ist allerdings nur das Resultat zahlreicher Aspekte, die es von Corporates unterscheidet und die im Folgenden thematisiert werden sollen.

In einem Start-up liegt der Fokus darauf, möglichst effizient zu sein. Damit ist gemeint, dass man sich vor allem auf das Machen konzentriert, anstatt den Großteil der Zeit mit Planung und Abstimmung zu verbringen. Für ein Start-up ist es überlebenswichtig, Aufgaben möglichst effizient abzuarbeiten, um schnell Ergebnisse zu erzeugen. In einem Corporate hingegen geht es eher darum, im Detail zu analysieren, was und wie es gemacht werden soll. Es wird sehr viel Energie aufgewendet, um sicherzustellen, dass das Richtige gemacht wird, bevor überhaupt etwas gemacht wird. Daher wird viel Zeit mit Planung, Abstimmungsmeetings und Lenkungsausschüssen verbracht. Deshalb operiert ein Corporate grundsätzlich eher träge, aber Managements sind sich der Bedeutung von Geschwindigkeit mittlerweile bewusst, weshalb du in deinem täglichen Wirken genau hier ansetzen solltest. Corporates verschwenden nämlich viel Zeit mit Detailplanung und Abstimmungsmeetings.

Abstimmungsmeetings sind zwar ein durchaus wichtiger Teil der Organisationsstruktur, jedoch dürfen sie nicht exzessiv betrieben werden. Wenn du sicherstellen willst, dass deine Organisation schneller wird, solltest du genau bei dieser Art von Meetings ansetzen. Überlege dir vor jedem Meeting, was der Zweck des Meetings ist und wer wirklich dabei sein muss. Achte darauf, die Meetings möglichst klein zu halten, sodass nur die wichtigsten Entscheidungsträger anwesend sind. Scheue dich nicht davor, ein Meeting auch mal infrage zu stellen oder bewusst nicht an Meetings teilzunehmen.

Hierzu passt die Geschichte von David, der in einem Life-Science-Unternehmen die Verantwortung für die Digitaleinheit übernommen hat. Diese Einheit wurde speziell gegründet, um neue digitale Firmen zu bauen und so mit Start-ups konkurrieren zu können – genauso effizient und schnell wie Start-ups zu sein.

Doch bereits nach kürzester Zeit bemerkte er, dass die Organisation eher behäbig war und nur sehr langsam in den Ausführungsmodus kam. David versuchte zu verstehen, woher die langsame Geschwindigkeit kam und stellte fest, dass die Meeting- und Abstimmungskultur schuld war. Zum produktiven Arbeiten kam David fast nie, da er quasi den ganzen Tag in diversen Abstimmungsmeetings verbrachte. Ein Großteil der Meetings drehte sich um die gleichen Angelegenheiten. Eine seiner ersten Amtshandlungen war, diese redundanten Meetings abzusagen. Dies klappte nur begrenzt, da sie immer wieder neu geplant und abgehalten wurden, jedoch nicht mehr mit ihm, sondern mit Teilen seines Leadership-Teams. Als Konsequenz verbot er seinem ganzen Leadership-Team, an diesen nicht wertstiftenden Meetings teilzunehmen. Hierdurch konnte die Organisation deutlich effizienter gestaltet werden, da er und sein Leadership-Team mehr als acht Stunden an Arbeitszeit pro Woche gewannen, ohne dass die weggefallenen Abstimmungen irgendjemandem gefehlt hätten.

Eine weitere Möglichkeit, um die Geschwindigkeit in der Organisation zu erhöhen, kann durch eine zielorientierte Unternehmenskultur erreicht werden. Hierfür sollte vor jedem Meeting ganz genau überlegt werden, was an dem jeweiligen Termin erreicht werden soll. Auch du wurdest sicherlich schon zu Meetings eingeladen, ohne zu wissen, was du dort eigentlich verloren hattest. Du solltest dir unbedingt angewöhnen, nur noch zu Meetings zu gehen und nur noch welche zu organisieren, wenn sowohl das Ziel dieser Veranstaltungen als auch der Teilnehmerkreis eindeutig definiert wurden. Diese Informationen sollten stets in der Einladung erwähnt werden. Je nach Karrierelevel solltest du keine Einladungen zu Meetings mehr akzeptieren, ohne den Zweck und das gewünschte Ergebnis des Termins zu kennen.

Abgesehen von der Meetingkultur erreichen Start-ups aus einem weiteren Grund eine deutlich höhere Geschwindigkeit. Wenn Start-ups merken, dass sie eine falsche Entscheidung gefällt haben, ändern sie diese. In einem Corporate hingegen wird die Situation deutlich länger beobachtet, bevor sich jemand ernsthaft mit der Materie beschäftigt. In einem nächsten Schritt wird abgewogen, ob man sich politisch überhaupt erlauben kann, etwas zu ändern. Dies ist ein langwieriger Prozess, der auf einer Kultur fußt, deren höchstes Gut die Fehlervermeidung ist.

Bei Start-ups gilt das Gegenteil. Sie sind natürlich stets bemüht, das Richtige zu tun, aber Fehler werden akzeptiert und schnellstmöglich korrigiert. Diese Vorgehensweise ist in der heutigen Zeit sehr wertvoll, da man aufgrund des Zeitgeistes immer häufiger mit neuen Situationen konfrontiert wird, für die man neue Lösungen entwickeln muss. Ob die Lösung wirklich die richtige ist, wird man erst im Laufe der Zeit feststellen. Sobald man merkt, dass man nicht ans Ziel kommt, sollte man den Weg so schnell wie möglich anpassen – jedoch ohne das Ziel zu verändern.

Diesbezüglich kannst du dich als Macher positionieren, indem du mit deinem Verhalten die Corporate-Kultur durchbrichst. Versuche dich von den Gewohnheiten zu lösen und triff die richtigen Entscheidungen. Jeden Tag, an dem du und dein Team in die falsche Richtung arbeiten, verliert dein Unternehmen Geschwindigkeit und jemand anders erweitert seinen Wettbewerbsvorteil. Traue dich, schnell zu korrigieren, wenn es notwendig ist.

Generell wirst du in deiner Karriere davon profitieren, wenn du als treibende Kraft die Start-up-Effizienz ins Unternehmen bringst. Trainiere dir die folgende Routine an, die dir helfen wird, wie ein Unternehmer zu denken und zu agieren. Stelle dir regelmäßig die folgende Frage: Wie würdest du entscheiden, wenn es deine eigene Firma wäre?

Warum ist diese Frage derart wertvoll? Deine eigene Firma wäre frei von Politik und alten Gewohnheiten. Du würdest die Früchte und Konsequenzen deines Handelns tragen. Aufgrund dieses Fakts sind Start-ups einfach effizienter. Corporates müssen aber auch effizient werden, um zu überleben. Daher gilt für dich als Rockstar, dass du deinem Corporate helfen musst, unternehmerischer zu denken und zu handeln.

Wenn du durch dein Wirken Start-up-Effizienz in dein Corporate bringst, wirst du dadurch deine Karriere unterstützen. Corporates wollen effizienter, schneller und innovativer werden und suchen daher nach unternehmerisch denkenden und handelnden Führungskräften, die dies ermöglichen. Wenn du dazu gehörst, stehen dir alle Türen offen!

»MITNEHMEN«

- Auch Corporates müssen schneller werden, wenn sie gegen Start-ups bestehen wollen.

- Es ist gut zu planen, aber noch wichtiger ist es, zu machen.

- Abstimmungsmeetings verfolgen keinen Selbstzweck, sie müssen dazu dienen, schneller Ergebnisse zu erzielen.

- Traue dich, Meetings abzusagen oder zu boykottieren, wenn diese die Organisation lähmen.

- Überlege dir immer, was du tun würdest, wenn es deine eigene Firma wäre.

»MITDENKEN«

Denke an die Arbeit der vergangenen sechs Monate. Schreibe alles auf, was dein Unternehmen beziehungsweise deine Arbeit verlangsamt hat.

_____

_____

_____

_____

_____

_____

_____

_____

_____

Streiche jetzt alle Dinge, die unnötig waren.

Überlege dir für jede unnötige Sache, wie du sie in Zukunft verhindern wirst.

_____

_____

_____

_____

_____

_____

_____

_____

_____

Wiederhole diese Übungen alle sechs Monate.

OUTRO

Ein Corporate Rockstar zu sein, bedeutet in allererster Linie, sich »gerade zu machen«. Ein Rockstar weiß, was er will. Er hat sein Ziel klar und deutlich vor Augen und weiß ganz genau um sein Warum Bescheid. Ein Rockstar will ein Ziel nicht nur aus egoistischen Gründen erreichen, sondern er arbeitet, um sich, seine Freunde und Familie sowie die Gesellschaft glücklich zu machen respektive sie zu unterstützen. Ein Rockstar klettert die Karriereleiter schnurstracks nach oben, auch wenn er mal abrutscht und eine Sprosse zurückfällt. Gleichzeitig geht er nicht über Leichen, um an die Spitze zu kommen, denn er weiß, dass das nicht notwendig ist. Teamgeist und gegenseitige Hilfeleistungen sind das A und O eines jeden kometenhaften Aufstiegs. Alleine kann man höchstens durchschnittliche Leistungen erbringen.

Rockstars versuchen möglichst besonnen und bewusst zu leben und sich nicht von den vielen Ablenkungen irritieren zu lassen, welche diese Welt zu bieten hat. Ein Corporate Rockstar betrachtet sich als einen Teil des großen Ganzen und weiß um den Wert der Bescheidenheit. Gleichzeitig kann er ein Löwe sein und kämpfen, wenn das notwendig ist – um seine Werte und Prinzipien, vor allem aber seine Zielerreichung zu verteidigen. Aufgrund seiner umsichtigen Arbeitsweise muss er allerdings nicht allzu häufig in den Kampf ziehen – er vermeidet dies, so gut er kann.

Corporate Rockstars sind diejenigen, über die geredet wird, und zwar im positiven Sinne. Es ist nicht ihr Ziel, dass über sie geredet wird. Aber was soll man tun? Wenn man es nun mal draufhat, dann zieht man Gutes an, dann zieht man andere Corporate Rockstars an – dann ist man genau dort, wo man hingehört, nämlich ganz oben.

ÜBER
DEN AUTOR